스코박사의

과학으로 읽는
역사유물 탐험기

스코 박사의 과학으로 읽는 역사유물 탐험기

ⓒ 스코 박사 2019

초판 1쇄   2019년 10월 25일
초판 2쇄   2019년 12월 27일

지은이   스코 박사

출판책임	박성규	펴낸이	이정원
편집주간	선우미정	펴낸곳	도서출판 들녘
일러스트	김선호	등록일자	1987년 12월 12일
편집	박세중·이수연	등록번호	10-156
디자인	한채린·김정호	주소	경기도 파주시 회동길 198
마케팅	김신	전화	031-955-7374 (대표)
경영지원	김은주·장경선		031-955-7381 (편집)
제작관리	구법모	팩스	031-955-7393
물류관리	엄철용	이메일	dulnyouk@dulnyouk.co.kr
		홈페이지	www.dulnyouk.co.kr

ISBN	979-11-5925-459-8 (43400)	CIP	2019039148

이 도서의 국립중앙도서관 출판예정도서목록(CIP)은 서지정보유통지원시스템 홈페이지(http://seoji.nl.go.kr)와 국가자료공동목록시스템(http://www.nl.go.kr/kolisnet)에서 이용하실 수 있습니다.

값은 뒤표지에 있습니다. 파본은 구입하신 곳에서 바꿔드립니다.

인문
교양
028

신사시대
흑요석
반구대암각화

고려시대
해인사 장경판전
고려청자
보협인석탑
한송사지 석조보살좌상

스코박사의
과학으로 읽는
역사유물 탐험기

삼국시대
진사
황칠나무
무동대항로

남북국시대
분황사모전석탑
성덕대왕신종

조선시대
석회무덤
조선왕조실록
석빙고

푸른들녘

나는 영락없는 이공계 사람이다. 답이 딱 떨어지는 깔끔함에 매료되어 중·고등학생 시절에 국어 대신 수학을, 사회 대신 과학을 선택했다. 대학 이후에도 마찬가지였다. 아니, 그때부터는 전공이란 틀에 갇혀 헤어 나올 수 없었는지도 모른다.

어느새 나는 남들이 이야기하는 소위 과학자의 부류에 포함되고 말았다. 남들의 시선에 부합되는 삶을 살기 위해 그 흔한 베스트셀러 에세이 한 번 읽어본 적 없었고, 내 안의 칼날을 갈고닦아보겠다며 오른손엔 과학교양서, 왼손엔 논문을 들고 동그란 뿔테 안경 너머의 세상을 바라보곤 했다. 과학자 코스프레는 어느덧 내 삶의 전부가 되어버렸고, 그러한 모습에 익숙해진 나는 세상의 수많은 아름다움을 망각한 채 살아갔다.

2012년 단풍이 만발한 어느 가을날, 나는 동그란 뿔테 안경을 던져버리기로 마음먹었다. 과학교양서와 논문 대신 양손 가득 젖병과 기저귀를 들고 있는 내가 어색해 보였지만, 그 또한 내 운명이었다. 손때 묻은 과학 전공 서적들을 내려놓으니 그제야 세상이 아주 환하게 보였다. 딸아이의 웃음소리에 하루의 피곤이 씻은 듯 사라졌고, 수년째 계속되던 월요병은 언제 그랬냐는 듯 말끔히 치료됐다.

몇 해가 지나 나의 손에서 젖병과 기저귀가 떨어져나갈 무렵, 둘째 아이의 탄생과 함께 이번에는 전혀 예상치 못한 물건이 나의 집 대문을 두드렸다. 역사 관련 서적들이었다. '내가 이렇게 변하다니. 내 인생만이 중요하다 생각했던 이기심 덩어리가 남들의 삶, 그것도 예전에 살다간 이들의 삶을 살펴보게 되다니.'

역사책이라고는 고등학교 교과서가 전부인 나에게 이번 사건은 가히 충격으로 다가왔다. 내 아이들에게 올바른 세상을 보여주고 싶어 시작한 역사 공부 프로젝트는 올해로 5년째를 맞이했다. 또한 단편적인 시각으로 바라보지 않았으면 하는 바람을 담아 예전에 즐겨하던 과학자 코스프레까지 다시 시작했다.

이것이 내가 생각할 수 있는 최선이다. 내가 쌓아온 과학 개념들을 아이와 나눠 갖는다면 보다 객관적인 잣대로 세상을 바라보게 되리라. 그 믿음은 지금도 현재 진행 중이며, 역사를 매개로 한 과학 지식 나눔에 대한 소망은 이제 우리 집 울타리를 넘어서고 있는 중이다. 이 책을 통해 보다 많은 독자들이 역사와 과학에 호기심을 갖게 된다면 저자로서 더 바랄 나위가 없을 것이다.

출간을 앞두고 가슴 졸이는

스코 박사

1장 선사시대

2장 삼국시대

1
불사의 영약
진사

2
백제표 페인트
황칠나무

3
황금 코팅의 비밀
금동대향로

3장 남북국시대

1
짝퉁 분투기
분황사모전석탑

고려시대

5장 조선시대

2

꿀벌과 이산화탄소

『조선왕조실록』

3

얼음 창고와 아기돼지 삼형제

석빙고

1장

선사

시대

1

호모사피엔스의 보물

현자의 검은 돌

"으하하! 드디어 이 보물이 내 손에 들어왔도다! 세상의 모든 존재들아, 내 발 아래 무릎을 꿇고 충성을 맹세하라. 이제부터 세상은 나를 중심으로 돌아갈 것이다!"

눈앞에 놓인 '보물'을 보며 호탕하게 웃던 남자가 어깨에 두르고 있던 '도끼'를 바닥에 내려놓았다. 툭 하는 둔탁한 소리에 놀란 검은 박쥐들이 일제히 동굴 안을 날았다. 빛이 가려지면서 순식간에 주변이 어두워졌다.

그는 이가 숭숭 빠진 도끼날을 바라보며 인상을 찌푸렸다. 한때는 그 어디에도 밀리지 않을 만큼 날카로움과 예리함을 자랑하

016

✠ 화산 폭발

던 최신형 도끼였다. 그런데 콩깍지가 벗겨지고 나니 한없이 초라하고 무딘, 여느 도끼들과 다를 바 없는 평범한 돌덩이만 눈에 보일 뿐이었다.

남자는 평생을 찾아 헤맨 보물에 다시금 눈길을 돌렸다. 바라보는 것만으로도 피부가 베일 듯한 '날카로운 모서리', 자신의 시커먼 얼굴을 비춰줄 만큼 '매끈한 표면', 그리고 주변의 빛들을 모조리 흡수해버린 듯한 '검은 빛'. 분명 그것은 세상의 물건이 아니었다!

"으… 어… 어…."

남자는 사람의 마음을 훔치는 보물에 점점 빠져들었다. 그러고는 무엇인가에 홀리기라도 한 듯 재빨리 낡아빠진 도끼날을 빼고 그 자리에 보물을 끼워 넣었다.

드디어 완성된 '최강 도끼'. 그는 도끼를 하늘 높이 쳐들었다. 바로 그때였다. 우르릉 쾅쾅… 하늘의 커다란 울음소리가 대지를 뒤흔들었다.

"하늘도 보물을 얻은 나에게 축하 인사를 건네는군!"

동굴 밖으로 걸어나온 그는 천천히 하늘을 올려다봤다. 해가 저물며 남긴 붉은 노을 때문일까? 아님, 한껏 들뜬 기분 탓일까? 남자는 오늘따라 하늘이 유독 불타오르는 것 같다고 생각했다.

그때였다. 갑자기 남자의 두 눈이 도끼라도 너끈히 담을 만큼 커다래졌다. 그는 어느새 집을 향해 뛰고 있었다. 뺨 위로 땀방울이 흘러내렸다.

"화산… 화산이 폭발한다! 얼른 피해!"

지혜로운 자에겐 그만의 안목과 노하우가 있다

검은 돌의 가치를 한눈에 알아챈 그 남자는 진정 '현자'였다. 당시의 지구는 현재의 우리가 알고 있는 '지구'가 아니었다. 세계지도를 그려 비교한다면 누가 봐도 별개의 행성이라고 단언할 정도였다. 그만큼 확연히 다른 외모를 가진 '옛 지구'는 이제 막 기나긴 얼음의 터널을 통과한 상태였다.

빙하가 덜 녹아 해수면이 현재보다 월등히 낮았기에 지구상의 육지들은 대부분 큼직한 덩어리인 채였고, 매우 복잡한 지금의 해안선에 비해 옛 지구의 해안선은 상상하지 못할 정도로 밋밋했다.

일본이라는 섬나라는 존재하지도 않았고, 삼면이 바다로 둘러싸여 있는 지금의 한반도는 '반도'라고 불릴 자격조차 없었다. 다른 땅덩어리의 사정도 마찬가지였다. 그러니 당시 인류는 걸어서 어디든 갈 수 있는, 말 그대로 '자유인'인 셈이었다.

바다에 가로막히지 않았으니 이동이 자유로웠고, 지금처럼 국경이 분명한 것도 아니었으니 누군가 무작정 넘어온다 한들 막아낼 명분도 없었다. 어디든 좀 더 맛있는 음식, 좀 더 안전한 잠자리를 찾아가면 된다. 그러니 지구 전역을 집으로 삼아도 무방했다.

어느 날. 발길 따라 정처 없이 걷고 있던 워크맨(walk man)은 갑자기 날아온 거친 목소리에 놀라 주변을 둘러보았다. 웬 남자가 잔뜩 흥분한 얼굴로 씩씩대며 노려보고 있었다. 무척이나 기분이 상한 것 같았다.

"어이, 우리 동네에서 처음 보는 얼굴인데? 당신도 소문을 듣고 온 건가? 내가 평생을 공들여 찾아낸 그 '보물'을 거저먹으려고? 어림 반 푼어치도 없지. 이 구역은 내가 찜했어. 당신은 다른 곳이나 알아봐! 잘 찾아보면 여기 '백두산' 말고도 그런 데 많으니까."

그랬다. 개마고원이라는 드넓은 용암대지(鎔巖臺地)를 만들어냈

> **?!** 현무암질 용암이 대규모로 분출해서 생긴 평평한 지형입니다. 대표적으로 개마고원, 인도의 데칸고원, 미국의 콜롬비아강 유역, 시베리아의 타이미르 반도 등이 있습니다.

으며, 우리 땅 한반도의 역사를 통틀어 가장 강력한 화산 폭발이 끊임없이 일어났던 곳이자, 지금까지도 백 년에 한 번 꼴로 꾸준히 터지고 있다는 그 화산. 백두산은 바로 그 '보물'을 줄기차게 뽑아대는 제조공장이었다.

옛 말에 '구슬이 서 말이라도 꿰어야 보배'라고 하지 않던가? 아무리 시설이 뛰어난 공장이라 해도 여기서 생산된 좋은 제품을 훌륭하게 마케팅해주는 이들이 없다면 그 공장은 얼마 안 가 고철덩어리로 전락할 게 뻔하다. 다행스럽게도 백두산이라는 이름을 가진 '보물 제조공장' 뒤에는 뛰어난 영업 능력을 가진 이들이 있었다.

"날이면 날마다 오는 물건이 아닙니다. 이것이 무엇이냐? 바로 이곳, 이 지역에서만 나오는 귀한 보물이지요. 못 믿겠으면 한번 돌아다녀보세요. 몇 년 뒤, 땅을 치고 후회해도 소용 없습니다. 독특한 외모와 특성, 거기에 희귀성까지! 지금 가져가지 않는다면 앞으로 대대손손 비난을 받게 될 게 분명합니다. 내 장담하리다."

이들의 말은 사실이었다. 백두산이 낳은 보물은 그 제조 방법이 매우 까다로워 보통 화산에서는 생산될 엄두조차 내지 못했다. 이것은 곧 공급량이 현저히 적음을 의미했다. 공급이 수요보다 적으면 가격은 치솟게 마련!

어느새 백두산의 검은 보물을 둘러싼 소문은 '발 없는 말'을 타고 좁게는 반경 300킬로미터, 넓게는 반경 650킬로미터에 해당하는 먼 거리(백두산-대구 거리: 약 700킬로미터)까지 흘러갔다. 그러자 돈을 만들어내는 이 검은 돌에 영혼을 빼앗긴 이들이 지구 곳곳에서 우후죽순처럼 생겨나기 시작했다. 그들은 자기 지역에서 나오는 귀한 물건들을 바리바리 싸 들고 산 넘고 물 건너 백두산까지 찾아왔다. 그러나 '최초의 현자'를 비롯한 근방 사람들의 마음을 움직이기란 쉽지 않은 일이었다. 그들은 눈 하나 깜빡이지 않았다. '보물'에 대한 소유권을 잃지 않겠다는 강력한 의지로 무장한 채 오로지 자신들의 필요에 의해서만 움직였다.

지금으로부터 9만여 년 전의 강력한 폭발, 지금의 백두산을 산답게 만들어준 빙하기가 끝나가는 무렵인 플라이스토세(Pleistocene) 후기에 '흑요석(黑曜石)'이라 불리는 문제의 '보물'도 만들어졌다.

이 귀한 보물은 물물교환이라는 명목하에 한반도 전역을 여행하게 되었는데, 실제로 전국에 걸쳐 110군데에 달하는 곳에서 'Made in 백두산'이라 적힌 흑요석이 발견된다고 하니, '발 없는 말이 천리 간다'는 옛말이 정확히 들어맞는 상황이라 할 수 있을 것이다.

황금을 만들어준다는 연금술의 도구, '현자의 돌'이 실재한다면 이와 같았을까? 돈을 만들어낸다는 관점에서 봤을 때, 흑요석은 연금

약 258만 년 전부터 1만 년 전까지의 지질시대를 말합니다. 홍적세(洪積世) 또는 갱신세(更新世)라고도 해요. 신생대 제4기에 속하며 플리오세에서 이어진 시기입니다. 지구 위에 널리 빙하가 발달하고 매머드 같은 코끼리 류가 살았습니다. 플라이스토세가 끝나는 시기를 고고학에서는 구석기 시대의 끝으로 봅니다.

화산 활동에 의해 생성되는 화성암으로 자연적인 유리의 일종입니다. 규장질의 용암이 분출되어 결정이 형성되기 전에 온도가 식었을 때 만들어집니다.

술의 실사판으로 봐
도 무방했다.

구석기 시대의 한
반도에 살고 있던 호모사
피엔스(지혜로운 자)들은 백두
산이 선사한 보물을 알아보는 훌륭
한 눈을 가지고 있었다. 게다가 '르
발루아 기법(Levallois technique)'이라 불리는 그들만의 노하우 덕에
'묠니르'에 버금가는 신비한 무기를 소유할 수 있었고, 천둥의 신
'토르'에 필적하는 인기와 권력도 누리게 되었다. 그들이 바로 우리
역사 교과서의 첫 페이지를 장식하고 있는 인물들이다.

화산이 만들어낸 보물

칠흑의 어둠과 유리의 매끈함을 동시에 간직한 이 요사스런 물건
은 서양에서는 '화산유리(obsidian)'라는 이름으로, 동양에서는 '흑
요석(검게 빛나는 돌)'이라는 이름으로 활동하는 일종의 돌연변
이다.

얼핏 보면 광물(암석의 구성 물질)인 듯 보이지만, 자세히 들여
다보면 광물이 아닌 이 돌연변이는 어느 쪽에도 속할 수 없는 기구
한 운명을 타고 났기에 '준광물'이라는 독특한 범주에 속한다. 광
물계의 박쥐나 가재라 할까?

그런데 이렇게 간단한 표현만으로는 정확한 이해가 어려울지도 모르니 조금 더 심도 있게 분석해보자. 약간의 작업을 거치면 된다. 바로 '단어별로 쪼갠 뒤 배치 바꾸기'다. 서양과 동양에서 붙여준 각 이름의 의미를 파악하고, 가능한 경우 글자 단위로 쪼갠 뒤 배치 순서를 살짝 바꿔보는 것이다.

obsidian_화산, 유리
흑요석(黑曜石)_검다, 빛나다, 돌

이제 글자 중간에 알맞은 조사와 수식어를 넣어 물 흐르듯 자연스럽게 이어보자.

화산(활동에 의해 태어난) 검게 빛나는 유리(같은) 돌

"응애… 응애."
태열이 채 식지 않은 갓난아기 '지구'가 자신의 불안정성을 조금이나마 해소하고자 연일 뜨거운 마그마를 뱉어내고 있었다. 울부짖을 때마다 사정없이 튀어오르는 액체

> 마그마가 식어서 형성된 암석입니다. 화성암을 이루는 마그마는 맨틀이나 지각의 일부가 지하 심부에서 녹아서 형성된 것입니다. 암석은 압력이 낮아지거나, 온도가 높아지거나, 성분이 변할 때 녹습니다.

상태의 '빨간 분비물'은 공기를 만나 각양각색의 돌덩이인 화성암(火成岩)으로 변했고, 이들이 쌓이고 쌓여 '지각'이라 불리는 지구

의 '피부층'을 형성하기에 이르렀다.

이후, 대기 중의 공기와 물은 오랜 세월 동안 이 피부층을 야금 야금 갉아먹었고, '퇴적암'이라는 각질층을 하나 만들어냈다. 이 각질은 지각 전체 양의 5퍼센트밖에 되지 않는 소량이었지만 넓게 퍼져 있었던 덕분에 기존 피부층을 가리기에는 부족함이 없었다. 앞선 '유리 재질의 검은 돌'은 기존 피부층, 이른바 '화성암'을 구성하는 물질 중 하나였다.

그런데 이해가 잘 안 되는 부분이 있다. 우리는 분명 과학 수업 시간에 실험 테이블 위에 놓여 있던 수많은 광물을 직접 목격했다. 그들의 가슴에 '화성암'이라는 명찰이 달려 있지 않았던가? 한데 왜 흑요석은 같은 화성암인데도 우리에게 자기 모습을 쉽게 보여주지 않는 걸까? 왜 이다지도 내성적인 성격을 갖게 되었을까?

이는 우연과 필연의 절묘한 조화 덕분에 가능한 일이었다. 이해를 돕기 위해 새하얀 백조 사이에서 태어난 '블랙스완'의 개념을 차용해보자. 아름다운 몸짓을 뽐내기 위해 이곳저곳을 누비고 다니는 외향적인 백조(점성이 낮은 마그마)와 그들의 틈바구니에서 어찌할 줄 모르는 내성적인 블랙스완(점성이 높은 마그마). 이 둘은 비록 한 어미에게서 태어났지만 성격은 확연히 달랐다.

이와 마찬가지로 내면에 SiO_4^{4-} 음이온을 적게 포함한 마그마(백조)는 줄줄 흘러내리고 찰랑거리는데 반해, SiO_4^{4-} 음이온을 많이 포함한 마그마(블랙스완)는 끈적끈적하여 좀처럼 잘 움직이지도 않았다.

이러한 백조 무리에 누군가 갑자기 찬물을 끼얹는다. 그러자 소스라치게 놀란 마그마(백조)들은 예상치 못한 추위 앞에서 사시나무처럼 떨며 앞다투어 고체화하기 시작했다. 찰랑거리던 마그마들은 자신의 유동성을 앞세워 커다란 결정들을 만들어갔지만, 점도가 높은 마그마(블랙스완)만큼은 안타깝게도 그러지 못했다. 커다란 결정은커녕 결정 구조 자체도 그에게는 사치 그 자체였다. 현대 과학에서 이야기하는 '급랭', 이른바 '담금질(quenching)'을 우연찮게도 몸소 체험한 이 용암(분출되어 나온 마그마)은 자신의 몸에 변화가 일어나기도 전에 그만 성장을 멈춰버린 것이다. 불쌍한 블랙스완! 불쌍한 고점도 용암!

②! 금속 재료를 높은 온도로 가열한 다음 급냉각하여 단단한 정도를 높여주는 작업을 말합니다.

그런데 바로 그 순간이 블랙스완의 참모습을 보게 되는 절호의 기회일 줄이야. 원자 단위의 작은 알갱이들은 서로 엉겨 붙을 새 없이 각각 독립적으로 행동했고, 이는 쪼개질 때 그 어떠한 방향성도 가지고 있지 않다는 것을 의미하며, 그로 인해 랜덤하면서도 날카로운 모서리의 생산이 가능했다.

칼날의 예리함으로 따지자면 머리카락 굵기의 무려 1/1000 혹은 1/10000에 이르는 놀라운 수준이었다. 현대의 면도날을 뛰어넘는 흑요석 조각의 날카로운 모서리는 강력한 무기를 만들어내기에 충분했으며, 많은 이들이 탐낼 만한 특징 중의 하나가 되었다. 이에 더해 흑요석은 반짝이는 유리처럼 무언가 '있어 보이는 외모'까지

✤ 흑요석 돌날(공주 석장리 박물관)

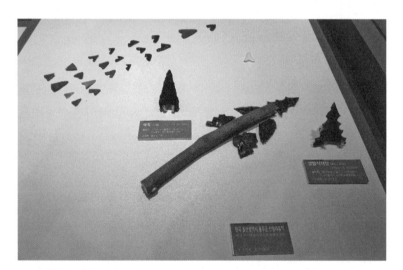

✤ 석촉(공주 석장리 박물관)

어우러져 뭇 사람들의 영혼을 빼앗을 만했다.

있어 보이는 외모의 공통점은 무엇일까?

값비싼 보석, 럭셔리 브랜드 가방, 첨단 기능을 탑재한 최고급 차…. 관심의 유무와 관계없이 일단 손에 쥐어지는 순간 우리의 기분을 한층 '업'시켜주는 아이템들이다. 그런데 우리는 왜 이것들에 열광하며, 또한 이들은 무엇으로 우리의 눈을 사로잡는 것일까?

이 물건들이 어딘가 모르게 '있어 보이는' 느낌을 주는 것은 아마도 그들이 가지고 있는 빛의 반사 능력, 즉 '광택' 덕분일 것이다. 모름지기 뭐가 됐든 반짝여야 고급스러워 보인다면서 피부까지 광택을 내는 우리가 아니던가? 인터넷 검색창에 '피부'를 검색하면 연관 검색어로 '물광'이 나올 만큼 인류의 광택 사랑은 이미 차고 넘친다.

잠깐! 뭔가 이상하다. 우리는 분명 '세상의 모든 사물은 그 표면에서 빛을 반사한다'고 배웠으며, 지금껏 이를 경험하고 있다. 그런데 주변을 한번 둘러보라. 모든 사물에 여러분의 얼굴이 비춰지나? 잘 닦인 창문과 가구, 혹은 마룻바닥은 약하게나마 광택이 나지만 이불이나 옷 같은 섬유들은 광택이 나지 않는다.

"빛을 반사하는 건 모든 물체가 동일한데, 광택이 나는 정도는 왜 물체마다 다를까?"

정답을 말하기 전에 앞의 질문을 다시 한 번 던져볼까 한다. 단, 이번에는 이해하기 쉽도록 보다 직접적인 표현을 썼다. 이렇게 말이다.

"빛을 반사하는 건 모든 물체가 동일한데, 반사된 빛이 우리 눈에 들어오는 정도는 왜 물체마다 다른 것일까?"

굳이 질문의 정답을 이야기하지 않아도 우리는 이미 그 답을 알고 있다. 아니, 눈으로 보고 있다. 질문에 정답이 들어 있지 않은가?

바로 '반사된 빛이 우리 눈에 들어오는 정도'가 물체마다 다르기 때문이다. 물체를 맞고 튕겨나가는 빛이 100이라면, 우리 눈에 정확히 들어오는 빛의 양은 무조건 100보다 적다. 어느 때는 100에 근접한 대부분의 빛이 들어오는데 반해, 또 어느 때는 0에 가까운 매우 적은 양이 들어오기도 한다.

여러분이 꿈에 그리는 물광 피부를 상상해보자. 반짝반짝 윤기가 흐르는 피부에 눈부신 햇빛이 내리쬐고 있다. 이 상황에 몰입하고 있는 지금, 여러분의 눈에 피부에 반사된 햇빛이 보이는가? 상상의 끈을 놓지 말고 계속 이어가보자.

주변을 날고 있는 파리 한 마리가 보인다. 연이은 날갯짓에 지친 파리가 여러분의 물광 피부에 내려앉는다. 여러분의 상상 속에서 파리는 제대로 앉아 있는가?

광택이 나는 여러분의 피부는 분명 '파리가 미끄러질 만큼 매끄러운 표면'을 갖고 있다. '반사된 빛이 얼마나 눈에 들어오느냐'

는 질문은 '표면이 얼마나 매끄러운가'라는 질문과 일맥상통하는 데, 이는 두 특성이 밀접하게 연관되어 있음을 의미한다.

과학자들은 반사된 빛이 정해진 방향으로만 튀면 '정반사(正反射)', 어지럽게 사방팔방 튀어나가면 '난반사(亂反射)'라고 부르기로 했다. 한자어 이름들이 우리를 혼란스럽게 하지만 이는 그냥 '있어 보이려고 만든' 표현일 뿐, 조금만 생각하면 상식적으로 충분히 받아

> ?! 정반사는 매끄러운 면에서 입사한 빛이 일정한 방향으로 평행하게 반사되는 현상입니다. 일정한 면에서만 보입니다.
>
> ?! 표면으로 들어온 빛이 반사될 때, 다수의 방향으로 반사되는 것을 말합니다. 정반사(正反射)가 하나의 방향으로만 반사되는 것과 대조적입니다.

들일 수 있는 것들이다. '반사'를 좀 더 정확히 이해할 수 있도록 잠시 흥미진진한 스포츠 이야기를 해보자.

치명적인 실수

자나 깨나 축구 사랑을 외치는 여러분은 오늘도 축구 삼매경에 빠져 있다. 오랜 드리블 끝에 드디어 골키퍼와 1:1로 마주한 상황. 거침없이 강한 슈팅을 날려본다.

하지만 안타깝게도 골키퍼 또한 만만한 호구가 아니기에 몸을 던져 펀칭! 더군다나 그는 자신의 활약상을 영상으로 남기는 치밀함마저 보인다.

골키퍼의 이글거리는 눈빛을 보아하니 쉽게 골문을 열어줄 것 같지 않지만, 여러분의 끈기는 이를 무시해버릴 만큼 강렬하다. 포기하지 않고 연이어 날리는 직선 슈팅들! 골키퍼는 이들 역시 전부 펀칭으로 튕겨냄과 동시에 마찬가지로 영상으로 기록했다.

수많은 시도가 모두 수포로 돌아가자 여러분은 패배의 원인을 분석하기 위해 골키퍼가 남긴 영상들을 몰래 빼내 모조리 확인하기로 마음먹었다.

첫 번째 시도의 결과, 공은 오른쪽 멀리 튕겨 나갔고, 두 번째 시도에서는 왼쪽 멀리 날아갔으며, 세 번째 시도는 간발의 차로 골대를 맞고 튀어나가 버렸다. 이후의 영상들마저 순서대로 확인하려던 찰나 당신은 저 멀리서 이쪽으로 다가오는 영상의 주인을 발견하고 깜짝 놀란다.

시간의 압박이 목을 조여오자 여러분은 급기야 해서는 안 될 실수를 저지르고 만다. 남은 영상을 모두 한 화면에 불러온 것이다.

여러분의 발에서 출발한 수십, 수백의 축구공들은 저마다 다른 방향을 향해 날아가고 있으며, 골키퍼의 펀칭 이후에 각양각색으로 튀어나간다. 전방위로 퍼져나가는 수많은 공들은 이내 뒤에 있던 골대마저 가리게 되는데, 이제 여러분이 보고 있는 화면은 축구공들 때문에 허옇게 되어버렸고 더는 영상이라 부르기에도 민망할 정도다.

"모든 축구공이 정해진 방향으로만 동일하게 튀어나갔더라면 좋았을 텐데…"

하지만, 공을 쳐내는 골키퍼의 손이 만들어낸 각도와 형태가 모두 동일하지 않는 이상, 이런 바람은 절대 도달할 수 없는 머나 먼 이상향에 지나지 않는다.

이상적으로 매끈한 표면을 가진 흑요석을 만나는 영광스런 시간! 모

✱ 흑요석의 매끄러운 표면

든 빛은 그의 매끄러움 앞에 무릎을 꿇었으며, 빛이 들어온 당시의 각도를 그대로 유지한 채 되튀어나갈 수밖에 없었다. 흑요석은 여러분이 찬 축구공을 같은 방향으로만 쳐낼 수 있는 능력을 가진, 그야말로 '꿈에 그리던 이상적인' 골키퍼였다.

원시 시대, 많은 이들의 사랑을 받았던 검은 보물의 정체는 원자 단위의 '쪼개짐'과 빛의 방향을 잘 정돈시킨 '매끄러운 표면'이 만들어낸 '천연 작품'이었던 것이다. 그러나 이 천연 작품은 운이 지지리도 없었다. 적어도 지금까지 대한민국 땅에서는 자신의 존재를 널리 알리기 어려웠다. 한국사 교과서에서 호모 사피엔스의 옆 자리를 차지하자니 너무 과학적이었고, 과학 교과서에서는 현대 문물들에 치여 등장할 기회조차 얻지 못했다. 역사적이면서 과학적이기까지 한 멀티플레이어들이 갈 곳이라곤 이 책 같은 교양 서적밖에 없는 것일까?

2

원시인의 비밀 편지

52미터를 넘기지 마라!

앵앵거리는 사이렌 소리와 함께 누군가의 짜증스런 목소리가 골짜기에 울려 퍼졌다.

"아, 그거 참 말 안 듣네. 내가 몇 번이나 말했어? 52미터를 넘기면 안 된다고 했잖아! 일 잘못되면 우리 모두 끝장이야. 대중은 물론 정부의 관심까지 집중된 일인데 똑바로 안 한다고 소문이라도 나면… 상상만 해도 살 떨리지 않나? 신경 좀 씁시다, 신경 좀 써요!"

낡은 작업복을 입고, 진흙 범벅인 신발을 신은 남자가 투덜거렸다. 잠시 후 찰랑거리는 물의 수위가 52미터 아래로 떨어진 것을 확인한 그는 비로소 안심이 된다는 듯 작업자들의 어깨를 두드려 준 뒤 자동차에 올랐다. 사이드미러에 비친 바위덩어리가 시야에서 점점 멀어져 갔다.

'저놈의 낙서판이 뭐라고 이렇게까지 사람을 힘들게 해? 기껏 해야 동물 몇 마리 그려진 돌덩이건만. 그러게 처음부터 댐을 설치하지 않았으면 얼마나 좋아? 소 잃고 외양간 고치고, 병 주고 약 준다더니. 딱 그 꼴이야.'

남자가 말하는 돌덩이란 저 뒤편에 떡 버티고 선 일명 '낙서판'을 뜻했다. 가로 8미터, 세로 4미터 크기의 거대한 낙서판이다. 그러나 정작 낙서판 자신은 이런 상황을 아는지 모르는지 얼굴에 묻어 있는 물기를 말리느라 여념이 없었다.

7,000년이라는 긴 세월 동안 푸석하게 말라 있던 낙서판에겐 불과 50여 년 전부터 주어진 이 촉촉한 환경이 여전히 낯설었다. 좀처럼 적응되지 않았다. 주름이 깊게 팬 얼굴은 '원치 않은' 세수로 반질반질해졌다. '뜻하지 않게' 묵은 때를 벗게 된 몸도 어딘가 모르게 영 어색해 보였다.

사실 낙서판은 제 몸에 새겨진 여러 흔적들을 수천 년에 이르는 동안 소중히 지켜오던 참이었다. 거기엔 절대 지워져서는 안 될 중요한 메시지가 담겨 있었기 때문이다. 먼지가 좀 쌓이고 때가 묻어도 그대로 둔 것도 다 그런 이유에서다. 얼핏 별것 아니게 보여야 지킬 수 있는 것도 있는 법이니까.

이곳에 '비밀 편지'를 남긴 이는 자신의 메시지가 후대에 고이 전해지길 바랐다. 그는 자신의 마음을 돌덩이에게 전했고, 엉겁결에 중요한 임무를 맡게 된 돌덩이는 우직하게, 꼼짝도 하지 않은 채 서서, 메시지를 해독해줄 누군가가 나타나기만을 하염없이 기다렸다.

세월이 흘러 다시금 그곳을 찾은 '편지 작성자'는 어깨에 메고 있던 물고기들을 땅에 내려놓은 뒤 낙서판에 새로운 그림을 그리기 시작했다. 길고 둥그런 형태와 양 옆에 튀어나온 지느러미. 물에 사는 존재인 것만은 분명해 보였으나 익숙한 외모는 아니

었다. 묘사를 마친 뒤 그는 잠시 눈을 감고 고개를 숙였다.

바닥에 내려놓은 물고기들을 다시 들쳐 메고서 바다로 향하는 남자. 그의 뒷모습은 지구상의 어떠한 생명체보다 거대해 보였다. 에메랄드 빛 바다는 그의 터전으로서 손색이 없었다.

적은 병력으로 상대를 제압하는 방법

"비나이다, 비나이다. 제발 딱 한 번이라도 고래를 잡게 해주십시오. 무려 12가지 맛이 난다고 하여 산 넘고 물 건너 이곳까지 왔는데 그냥 갈 수는 없습니다. 배고프다며 울고 있는 어린 자식들은 어떡합니까? 큰 게 아니어도 좋습니다. 적어도 몇 달, 아니 몇 주만이라도 먹을 것 걱정 없이 살 수 있도록 도와주십시오!"

현재의 울산은 번화한 시가지다. 그러나 수천 년 전에는 고래 떼를 포함한 바다 생물들의 터전으로서 유명세를 떨쳤다. 7,000년 전, 외부에서 넘어온 더벅머리 남자는 가족들의 허기를 채워줄 그곳을 모른 척 지나칠 수 없었다. 그는 자신의 부족한 어획 능력을 보완하기 위해 나름의 꼼수를 써보기로 마음먹었다. 인근 지형을 적극적으로 활용해보기로 한 것이다. 평소 주변 환경의 미묘한 차이를 눈여겨보는 취미가 있던 터라 큰 어려움은 없어 보였다.

그는 일단 육지로 파고들었다. 그러고는 바다 전체(만의 형태)의 모습이 한눈에 들어오는 언덕으로 기어올랐다. 매서운 눈빛으로 일대를 스캔한 뒤, 무언가를 골몰히 구상하는 남자. 그 모습이 마치 수천 년 뒤에 개봉된 영화 〈300〉에 등장하는 스파르타의 현명한 왕, 레오니다스 같았다.

그는 '통로가 좁은 곳에서 정체가 일어난다'는 '병목현상(bottleneck)'의 원리를 지구상에서 가장 거대한 젖먹이동물에게 적용하기로 했다. 일단 수심이 얕은 곳으로 고래를 유인해야 한다. 그는 바삐 움직이기 시작했다.

?! 물이 병의 좁은 입구를 통해 유출될 때 속도를 제한 받는 것처럼 특정한 지점에 의해 시스템의 성능이나 용량이 저하되는 현상을 말합니다. 여기서는 '좌/우'가 좁다는 의미가 아닌 '상/하'로 좁다는 것을 병목이라 표현했습니다.

국립수산과학원 고래연구소에 따르면 현재 한반도 주변의 해역에는 총 35종의 고래들이 서식한다고 한다. 이 중 긴수염 고래를 포함한 대형 고래가 9종이나 되고, 덩치가 이에 못지 않은 중형 고래 역시 자그마치 13종이나 존재한다는 것이다. 수천 년이란 시간 간격이 고래 어종에 큰 변화를 주기엔 촉박하다고 가정한다면, 이 더벅머리 남자의 '공격 타깃'은 자신의 덩치에 걸맞은 중력을 이겨내지 못해 물 밖으로 나올 수 없는 '역대급 괴물'일 것이다. 이런 존재와 전면전을 치러야 한다니! 사실상 〈300〉의 레오니다스 왕보다 더욱 큰 용기를 내야만 가능한 일이었다.

현재의 대형 고래를 상상했을 때, 이 덩치 큰 괴물은 몸 길이가 25미터가량, 몸무게는 무려 160톤에 육박했다. 성인 남자 2,000명이 모여야 겨우 맞출 수 있는 규모다. 그러나 남자는 압도적인 크기

따위는 잠시 잊어버리기로 했다. 사랑하는 가족들이 두고두고 먹을 수 있는 먹잇감 아닌가? 그는 이제 자신만의 비범한 능력을 쓸 차례라고 생각했다.

"여보게들. 다들 좀 모여봐. 내게 좋은 생각이 있어. 일단 몇 명씩 배를 나눠 타고 바다로 나가는 거야. 그러고 나서 내가 지시하는 방향으로 고래를 유인해, 알겠지? 그곳이 바로 수심이 얕은 곳일 테니까. 삼면은 점점 얕아져가고 뒤에서는 우리가 지키고 있으니, 제아무리 집채만 한 괴물일지라도 당해내지 못할걸? 이게 바로 독 안에 든 쥐 꼴인 거라고."

그에겐 현대의 우리로서는 절대 흉내 낼 수 없는 능력이 있었다. 바로 '척 보면 척! 딱 보면 딱!' 대충만 훑어도 바다 속 깊이를 훤히 읽어낼 수 있는 '투시 능력'이었다.

바다 빛깔은 깊이에 따라 달라진다

주변 지형을 면밀히 살피던 더벅머리 남자가 커다란 바위 앞에서 발을 멈췄다. 바위에는 다양한 모습이 새겨져 있었다. 먼저 다녀간 누군가가 남긴 것일까? 거북이가 엎드린 형상을 하고 있는 절벽(반구대)에 남아 있는 수많은 동물의 그림들. 그는 직감적으로 그것이 사냥을 하고 난 뒤의 기록들임을 알아챘다. 무슨 이야기를 하고 싶었던 것인지는 확실히 알 수 없지만, 이전에 자기와 같은 목적을 가진 누군가가 존재했다는 것만큼은 확실히 알 수 있었다. 많은 그림 중 상당수가 '고래' 그림이었기 때문이다. 또한 그 주위에는 배를 타고 고래 사냥에 나갔음을 암시하는 듯한 사람의 형상들도 있었다. 남자는 고개를 저으며 중얼거렸다.

"쯧쯧. 이 거대한 고래를 배를 타고 가서 잡는다고? 미련한 사람들 같으니라고. 고래는 잡을 수 있을지도 모르지. 하지만 그러려면 본인도 부서진 뱃조각들이랑 바다 속 유령이 되어야 힐길? 사람이 머리를 써야지, 머리를. 뭐야, 다 멍청한 동물만 그린 건가? 진짜 웃기네."

그가 실소를 날리며 다시 바다를 향해 고개를 돌렸다. 잠시 뒤, 그의 눈에 위치별로 미묘하게 빛깔이 다른 바다의 모습이 들어왔다. 어느 곳은 검은 색에 가까울 만큼 어두웠고, 다른 어느 곳은 푸른 빛깔이 도드라졌고, 또 다른 어느 곳은 적색이 감돌기까지 한다.

다채로운 컬러로 가득한 바다를 바라보던 그가 이내 빙그레 미소를 머금었다. 그의 비범한 눈이 '위치에 따라 달라지는 빛의 성분'들을 고스란히 스캔해주었기 때문이다. 유독 붉은 기운이 감도는 위치에는 빨강, 주황, 노랑, 초록, 파랑, 남색, 보라 중에서 빨간 빛이 맹렬히 위세를 떨치고 있었다. 마치 마지막을 앞둔 자의 최후 발악처럼 보였다.

살짝 고개를 트니 이번엔 초록 빛깔의 바다가 눈에 들어왔다. 웬일인지 빨강과 주황빛은 온데간데없었다. 노란 빛마저 기세가 많이 누그러진 것 같았다.

고개를 갸우뚱하며 저 뒤쪽으로 눈길을 돌렸다. 그곳에는 모든 빛을 삼켜버린 듯 암흑처럼 어두운 빛의 바다가 있었다. 그곳에서는 어떠한 빛도 발견할 수 없었다. 그는 곰곰이 생각에 잠겼다.

'왜 빛의 성분들이 색깔별로 다르게 보인 것일까? 하늘을 바라보면 모든 성분이 동일하게 보이는데. 왜 바다가 가진 빛의 성분들은 위치에 따라 다른 거지? 혹시 바다가 빛의 색을 잡아먹는 걸까? 위치에 따라 다르게?'

빙고! 그의 추론은 정확했다. 바다라는 이름의 공간에 한 데 모여 있는 물 분자들은 양이 많아지면 많아질수록 무지개의 순서, 즉 '빨주노초파남보' 순서대로 빛을 흡수하는 경향을 보였다. 물 분자의 수가 상대적으로 적은 얕은 물은 빨간 색의 빛만 뿔뿔이 흩어버린 뒤 제거하지만, 이들의 개체 수가 상대적으로 많은 깊은 물은 모든 색깔의 빛을 죄다 흡수하는 것이다.

그는 바닷물의 빛깔 변화를 길잡이 삼아 바다의 깊이를 판단할 수 있었다. 그리고 이것은 곧 고래를 얕은 물로 유인하여 표류시키는 기발한 아이디어로 이어졌다.

알 듯 모를 듯, 물의 마음이 궁금해

이렇다 할 만한 기록은커녕 단순한 그림으로 서로의 안부를 묻던 시대. 정확한 의사 전달을 위해서 뛰어난 관찰력과 수준 높은 표현력이 무엇보다 우선시되던 사회. 우리는 당시의 인류를 '원시인'이라 부르며 무시하지만, 그들은 현 인류보다 훨씬 감각이 뛰어났고, 덕분에 자연계의 변화에 민감하게 반응할 수 있었다. 현대적인 최첨단 장비 하나 없이도 자연이 제공하는 힌트를 기가 막히게 찾아냈고, 이를 이용하거나 응용하여 자신들의 목적을 달성하곤 했다. 이는 여러 문헌에 그대로 기록되어 있다.

바다의 빛깔로 깊이를 알아내는 지극히 원초적인 방법 역시 나침반이 없던 당시로서는 번뜩이는 재치가 돋보이는 기발한 아이디어였다. 수면에서 물속을 향해 '음파(音波)'를 쏘아 되돌아오는 시간을

> **？!** 공기나 물 같은 매개물의 진동을 통해 전달되는 종파입니다. 대표적으로 사람의 청각기관을 자극하여 뇌에서 해석되는 매개물의 움직임이 그 예입니다.

측정하여 그 '이동 거리'를 계산하는, 이른바 현대의 '수심 측정법'에 익숙한 우리로서는 혀를 내두를 수밖에! 물론 정확성 측면에서는 현대의 측정법이 한 수 위임은 틀림없다. 단, 음파가 중간에 소실되지 않는다는 전제 아래 말이다.

전자기파(電磁氣波) 중에서도 파장이 매우 작은 빛은 물속을 나아가는 과정에서 손실률이 매우 커서 소리, 즉 음파를 사용하게 되는데 이는 처해진 상황과 목적에 따라 각기 다른 주파수대의 음파를

> **？!** 특정 전자기적인 과정에 의해 복사되는 에너지입니다. 가시광선도 전자기파에 속하며 전파, 적외선, 자외선, X선 같은 전자기파들은 우리 눈에 보이지 않습니다.

사용한다고 알려져 있다.

그런데 이 첨단 과학의 결과물은 몇 해 전 치명적인 문제를 안고 있음이 드러났다.

"여보세요, 경찰이죠? 해괴한 일이 일어나서 신고 좀 하려고요. 여기는 인근 해변인데요. 이게 웬일이래요! 고래들이 집단으로 육지로 밀려 올라와 있네요. 바다 속 깊은 곳에 있어야 될 고래들이 왜 이곳에 누워 있는 건지 모르겠어요. 화학물질이 유출된 건가요? 어쨌든 빨리 좀 와주세요. 까마귀들이 고래 사체를 뜯어먹고 난리도 아니에요!"

초음파 대역의 소리로 서로 대화하며 주변 환경을 감지하던 고래들과 우연찮게도 바다 속 정찰을 위해 사용하는 음파의 '주파수(周波數, frequency)' 영역이 겹쳐버린 것이다! 굴러 들어온 돌이 박힌 돌을 밀어낸 셈이었다. 인류 출현 이전부터 사용하던 주파수대에 일대 혼란이 오자 고래들은 극도의 스트레스에 시달렸다. 그리고 불행히도

☝ 인간이 들을 수 있는(가청) 최대 한계 범위를 넘어서는 주파수 대역을 의미합니다.

☝ 주기적인 현상이 단위 시간 동안 몇 번 일어났는지 뜻하는 말입니다. SI단위로는 헤르츠(Hz)를 씁니다.

☝ 고래나 물개, 바다표범과 같은 해양 동물이 스스로 해안가 육지로 올라와 옴짝달싹하지 않고 식음을 전폐하며 죽음에 이르는 좌초(stranding)현상을 말합니다.

집단 자살이라는 극단적인 사태로 이어졌다. 이른바 '집단 스트랜딩(stranding) 현상'이 벌어진 것이다.

최근 20여 년간, 무려 2,500여 마리의 고래들이 이 같은 이유

때문에 무더기로 죽어나갔다면 믿을 수 있을까? 인류의 순수한 해
저 탐사는 결코 의도치 않았던 비극적인 '고래 사냥'이라는 결과를
낳고 말았다.

고래 사냥꾼의 편지

어미 고래는 행여 드넓은 바다에서 눈이 침침한 새끼들이 길을 잃
지나 않을까 항상 노심초사다. 물론 어미 고래도 시력이 나쁘긴 마
찬가지다. 하지만 그들에겐 최고의 의사소통 무기가 있다. 바로 자
신들만 들을 수 있는 소리로 대화를 나누는 것이다.

　"애야, 앞이 잘 안 보여서 많이 답답하지? 엄마도 잘 보이지 않

✽ 고래야 미안해

는단다. 우리 엄마도 그랬고, 그 옛날 엄마의 엄마도 그랬어. 너만 보이지 않는 게 아니니까 두려워하거나 걱정할 필요 없어. 대신 우리는 이 지구의 다른 생명체들보다 엄청나게 뛰어난 청각 능력을 가지고 있거든. 우리를 못 잡아 안달인 저 인간이라는 종들은 우리와 반대야. 눈이 잘 보이는 대신 귀가 잘 들리지 않는대. 그러니까 우리가 저들을 피할 수 있는 가장 좋은 방법은 인간이 들을 수 없는 우리만의 목소리로 대화를 나누는 거란다. 엄마 목소리에 귀를 잘 기울이고 다니라고 잔소리하는 이유를 이제 알겠지?"

이들 고래 모자는 수십 kHz의 주파수 영역대를 자신들의 고유한 '무전 주파수'대로 선정하여 남이 들을 수 없는 목소리로 다정한 대화를 이어나가곤 했다.

그러던 어느 날, 어미 고래는 희한한 목소리를 들었다. 자신들의

- 인간의 목소리: 0.3~3kHz
- 인간의 가청영역: 0.02~20kHz
- 고래의 울음소리(방향과 물체 탐지용): 20~150kHz
- 잠수함의 SONAR(Sound Navigation Ranging): 10~100kHz

고유 주파수 영역을 침입할 수 있는 생명체라고는 기껏해야 다른 종의 고래들뿐이라 믿던 그에게 이 사실은 엄청난 충격으로 다가왔다. 유령의 소리였을까? 아니면 그토록 믿고 의지하던 자신의 청각에 이상이 생긴 걸까? 두려움에 휩싸인 어미 고래가 위급 상황을 알리기 위해 다급하게 새끼 고래를 불렀다.

"삑! 삑! 삐이익!"

아무리 불러도 대답 없는 새끼 고래. 정체 모를 유령의 목소리

가 이들의 대화를 단절시킨 것이다. 그 소리를 어미의 목소리로 착각한 새끼 고래는 어두컴컴한 망망대해로 흘러갔다. 극도의 흥분 상태에 놓인 어미는 더욱더 귀를 쫑긋 세우고 새끼를 찾아 헤매기 시작했다.

하지만 귀를 기울이면 기울일수록 새끼의 목소리가 들리기는 커녕 의문의 소음만 점점 더 크게 들릴 뿐이었다. 소음은 이내 고통이 되었다. 게다가 새끼를 잃어버렸다는 충격에 육체를 떠나버린 정신은 좀처럼 제 집으로 돌아올 생각을 하지 않았다.

얼마나 지났을까? 울며불며 정처 없이 이곳저곳을 헤매던 어미는 자신의 등이 점점 따뜻해짐을 느꼈다.

"왜 이러지?"

깊이 생각할 틈도 없이 이내 뱃가죽에 모래가루가 들러붙기 시작했다.

"어라, 여기가 어디지? 왜 점점 밝아지는 거야?"

그곳은 그가 절대 있어서는 안 되는 곳. 물에 의해 흡수되거나 흩어지지 않은 태양빛으로 가득한 '바닷가'였다. 초음파(超音波) 영역의 '소음공해'가 길 잃은 고래들이 뭍으로 올라가게끔 만들었고, 이제 뜨거운 햇볕에 타 들어가는 고통은 온전히 불쌍한 고래들의 몫이 되었다.

수천 년 전에 고래를 계획적으로 뭍으로 유인하던 원시인과 현재 소음공해를 만들어내 뜻하지 않게 고래를 뭍으로 불러낸 현대인들. 이들은 의도했든 아니든 동일한 결과를 얻어냈다. 하지만 냉

✤ 물에 잠긴 암각화 (경주 박물관)

철한 환경운동가들은 원시인에게는 아무 죄도 묻지 않는 면죄부를 준 반면, 현대인에겐 철저히 그 대가를 추궁한다.

이들이 같은 결과를 놓고 서로 다른 판결을 내린 이유는 무엇일까? 어찌 보면 예전의 의도성을 가진 작업이 더욱 악랄했다고 평가받을 수 있는 상황이 아닌가? 그런데도 왜 환경운동가들은 거꾸로 된 판단을 내렸을까? 이유는 단 하나. 두 시대 간에 벌어진 고래 개체 수의 현격한 차이 때문이다.

1982년 국제포경위원회(IWC; International Whaling Commission)는 상업적으로 벌어지는 무분별한 고래잡이, 즉 포경을 중단하라는 명령을 전 세계에 전달했다. 그런데 그로부터 37년이 지난 2019년 7월 1일을 기점으로 다시금 상업 포경을 시작하겠다며 생떼를 부리기 시작한 일본. 과연 전 세계 환경단체는 이 황당한 상황에 어떻게 대응할까? 귀추가 주목된다.

그 옛날 커다란 바위에 고래 그림을 잔뜩 그렸던 원시인들은 그곳에 수천 년 뒤 한반도 주위의 고래들이 무분별하게 포획될 것을 암시하는 '비밀 편지'를 남겨놓은 게 아닐까?

우리가 시작한 고래 사냥이
앞으로 생태계를 변화시킬지도 모르니
조심하기 바랍니다.
-원조 고래 사냥꾼-

2장

삼국

시대

불사의 영약

두려움에 대처하는 방법

달에서 절구질하는 토끼. 인류가 밤하늘을 올려다보기 시작한 순간부터 공식화된 달의 이미지다.

　어설프게 생긴 이 토끼는 1년 365일 중 구름 낀 날을 제외하고는 단 하루도 빼놓지 않고 자신의 모습을 우리에게 보여준다. 우리와 지구 정 반대편에 위치한, 즉 대척점(對蹠點)에 있는 우루과이에서는 어떨까? 우루과이에 밤이 찾아왔을 때는 토끼가 옆모습을 보여주거나 혹은 사라질까? 그렇지 않다. 지

> ?! 지구 표면의 어느 한 지점의 180도 반대 방향에 있는 지점을 가리킵니다. 대척지라고도 하는데요, 통상 지구상 어느 지점의 정반대쪽이라고 생각하면 됩니다.

구 어느 곳에 있다 해도 우리 눈에 들어오는 토끼의 모습에는 한 치의 오차도 있을 수 없다. 달의 자전 속도와 공전 속도가 같기 때문이다.

그럼에도 불구하고 우리는 밤하늘 높이 은은하게 반짝이는 저 달을 '하늘에 그려진 그림'이라고 생각하지 않는다. 평생 달의 앞면만 보았는데도 말이다. 왜 그럴까? 우리가 3차원 공간에 살고 있는 덕분이다. 내가 보고 있는 부분의 반대편에 내가 보지 못하는 뒷면이 분명히 존재하리라는 굳건한 믿음이 있기 때문이다. 이 믿음은 대대손손 쌓여온 경험이라서 매우 강력하다.

삶의 이면에 존재하는 죽음의 세계도 마찬가지다. 이 또한 대표적인 믿음의 결과물이 아니던가? 아무도 가본 적 없는 '그곳'이기에 예로부터 '그곳'에 대한 환상이나 두려움이 매순간 우리를 짓눌러온 것이다.

그런데 이 문제는 달의 뒷면을 탐사하는 것처럼 간단하지 않다. '어떻게 하면 그곳에 한번 다녀올 수 있을까?' 하고 고민하는 이들도 별로 없다. 무섭기 때문이다. '괜히 나대고 갔다가 혹여 돌아오지 못하는 건 아닐까?' 하면서 걱정하게 되니까. 혹자는 언젠간 그곳과 마주하게 되리라는 사실조차 두려워 이승에서 머무르는 시간을 최대한 늘리고 싶어 한다. 그 유명한 중국의 진시황이 대표주자다. 이들의 마음속엔 죽음에 대한 원초적인 두려움 외에도 지금껏 이뤄놓은 모든 것을 버리고 가야만 한다는 또 다른 종류의 두려움마저 함께한다. 그래서 혀를 내두를 만큼 엄청난 노력과 재산을 투자해왔다. 고안해낸 방법 또한 천재적이다.

'불사의 비법'을 발견하는 데 성공한다면 이는 분명 황금을 만들어낸다는 중세 유럽의 '연금술'보다 훨씬 큰 파장을 몰고올 수 있을 것이다. 그러고 보니 어디선가 이런 말을 들은 적이 있다. "서양은 물질에 집착하고, 동양은 건강에 집착한다." 동양에서는 도를 깨닫는다고 해서 산에 들어가 도토리나 솔잎으로 끼니를 때우면서 사는 이른바 벽곡(辟穀) 생활을 했다고 하지 않던가? 이런 생활의 모태가 되는 것이 바로 동양의 '연금술(錬金術, alchemy)'이라 불리는 '연단술(煉丹術, Chinese alchemy)'이었다. 연단술에 취한 이들의 목표는 단 하나, 신선이 되어 오래 사는 것이었다.

"영감님, 이 약 한 번 드셔봐요. 이 약으로 말할 것 같으면 귀한 황금으로 만든 건데 몸에 그렇게 좋대요. 이 거 먹고 났더니 사람들이 아들이랑 내가 친구 사이냐고 문더

근대 과학 이전 단계의 시도입니다. 금속학, 물리학, 약학, 점성술, 기호학, 신비주의 등을 거대한 힘의 일부로 이해하려는 운동이었습니다. 흔히 금속에서 금 등의 귀금속을 정련하려는 시도로 알려졌습니다.

고대 중국의 도사가 부리던 기술의 하나입니다. 진사 등의 금속에서 추출한 액상 수은(丹)을 먹어서 불로불사의 선인(신선)이 되거나, 비금속을 금으로 바꾸는 영약(선단仙丹)을 만드는 기술이라고 합니다.

라니까? 나 좀 보라고. 내 나이 벌써 60인데 이렇게 젊어 보이잖아. 나만 믿고 먹어봐."

하지만 연단술 역시 서양의 연금술처럼 제대로 된 진정한 기술은 아니었다. 인류의 발전 속도가 비슷하듯 사기꾼들의 비율도 비슷했기 때문일까? 얼마 후 영약의 실체를 알고 난 이들은 큰 충격

에서 헤어 나오지 못했다.

충격적인 실체가 밝혀지다

"자! 오늘은 약을 만들어보겠어요. 우선 '진사(辰砂)'라는 붉은 덩어리를 준비하세요. 어디서 구하냐고요? 잘 찾아보면 주변에 많이 널려 있을 거예요. 준비됐으면 뜨거운 불에 던져 넣으세요. 그걸로 끝! 아, 참! 중요한 걸 깜빡했네. 빈 그릇을 하나 준비해야 합니다. 거기다 불 속에서 흘러나오는 액체를 담아야 하거든요. 어때요? 너무나 쉽죠?"

> **?!** 수정과 같은 결정 구조를 가진 육방정계에 속하는 수은 황화물(HgS)입니다. 육방정계란 길이가 같은 세 결정축(結晶軸)이 한 평면 위에서 서로 60도로 교차하고, 그 세 축의 교차점과 수직인 결정축 하나가 아래위로 뻗은 구조를 가진 결정계(結晶系)입니다. 흑연, 수정, 녹주석, 방해석, 전기석 등에서 볼 수 있지요. 진사는 수은을 정제하는 가장 일반적인 원료 광석입니다.

불 속에서 흘러나온 액체. 이것이 연단술에서 이야기하는 신비의 '단(丹)'이었다. 그럼 '진사'란 무엇일까? 화학 지식을 조금 가져다 이해해보자.

HgS(황화수은) + O_2(산소) $\Rightarrow$ Hg(수은) + SO_2(이산화황)

해설: 황이 달아나버리는 바람에 수은은 그 모습 그대로 드러나게 된다.

그렇다. 한마디로 진사라는 재료는 수은을 포함한 '수은 화합물'이었다. 수은(Hg)의 함유량이 무려 90%에 달할 정도로 대부분이 수은 덩어리인 셈이다. 그럼 남은 10%는 무엇이냐고? 바로 황(S)이다.

일반적으로 수은은 반응성이 좋지 않다고 알려져 있다. 항상 고독을 즐긴다. 귀금속으로 분류되는 은(Ag)에 필적할 만큼 어지간해서는 다른 원소들에 들러붙지 않는다. 하지만 이때 황(S)이라는 녀석을 만나면 이야기가 전혀 달라진다. 황은 무서운 녀석이다. 웬만한 것들과 전부 반응해버린다는 산소마저도 포기해버린 악동 중의 악동이다. 이런 무시무시한 능력은 은의 무릎을 꿇릴 만큼 강력했다.

많은 양도 필요 없다. 수은(Hg)은 공기 중에 존재하는 극소량의 황(S)과 살짝 부딪히기만 해도 빠르게 자신의 세력을 넓혀간다. 이른바 '황화수은(HgS)'이 되는 것이다! 이 불쌍한 수은이 황의 손아귀에서 벗어날 수 있는 유일한 길은 다름 아닌 열과의 만남이었다. 뜨거운 것이라면 질색팔색 하는 황에겐 그만한 상대가 없었다. 원소 그대로의 수은을 돌려받기 원하는 존재들은 황화수은 덩어리에 불을 지피기 시작했다.

"석방하라! 석방하라! 우리에게 수은을 돌려달라!"

불을 지르며 달려드니 기세등등하던 황도 어찌할 도리가 없었다. 포로로 잡혀 있던 수은은 그제야 자유의 몸이 되었고, 다시금 배고픈 신세로 전락해버린 황은 어쩔 수 없이 다른 먹이를 찾아 어슬렁거리기 시작했다. 그때였다. 우연찮게도 근처를 지나가고 있

던 '반응성의 왕' 산소(O_2)가 그의 눈에 들어왔다. 라이온 킹 '심바'
와 하이에나 '셴지'의 만남이랄까?

"야! 힘 좋다고 소문난 게 너냐? 기껏해야 나 없을 때 대장 노
릇 좀 한 게 전부인 주제에 내 심기를 건드려? 잘 만났다. 너, 내 밥
이 되어줘야겠어. 어흥!"

포로를 놓아주고 기분이 상한 황(S)은 수은(Hg) 대신에 만만한
산소(O_2)를 잡아두었다. '꿩 대신 닭'이라는 표현이 딱 들어맞는 순
간이다.

'단'의 정체는 바로 황에게서 운 좋게 풀려난 액체 금속 '수은'

이었던 것이다. 영생을 위해 단, 아니 수은을 먹었다니! 현대인이라면 결코 하지 않을 짓이다. 우리는 이미 상식으로 잘 알고 있지 않은가? 수은은 독성이 아주 강한 무서운 물질이다. 한 번 몸 안에 들어오면 빠져 나가지 않고 계속 축적되며, 폐와 중추 신경계에 영향을 주어 섭취한 지 수 시간 만에 발열, 구토, 호흡곤란 등을 야기할 만큼 말이다.

그런데 참 궁금하다. 수은이라는 악마는 대체 어떤 경로를 통해 우리를 찾아왔던 것일까? 연금술의 시작이 철학이었던 것처럼 연금술의 필수 재료인 수은 또한 고대 철학자의 손에 이끌려온 것은 아닐까?

그렇다. 주인공은 테오프라스토스(Theophrastos, B.C. 371~B.C. 287), 바로 플라톤과 아리스토텔레스라는 철학계의 두 고수 아래서 수련을 거친 자였다. 과학자로서 기술자로서 그의 면모는 가히 청출어람이었다. 스승에게서 "흠, 자넨 지나치게 똑똑하군" 하고 핀잔을 들을 지경이었다.

✱ 퀵실버 수은

역사 기록에 전해지고 있는 수은의 역사. 이것은 고대 그리스의 천재 테오프라스토스가 그의 저서에서 밝힌 방법 덕분에 시작될 수 있었다. 어찌 보면 그의 '지나친' 똑똑함으로 인해 이후의 인류가 큰 고통을 겪게 되었는지도 모른다.

수은 시대의 개막

각종 매스컴에서 중금속, 특히 수
은이 위험하다고 목에 핏대를 세우
는 이유는 크게 두 가지로 압축할
수 있다. 첫째는 상온(25℃)에서의
기화성, 둘째는 유기물(有機物)과
의 융합 가능성 때문이다.

> **⁈** 생체를 이루며, 생체 안에
> 서 생명력에 의하여 만들
> 어지는 물질입니다. 반대말은 생
> 명을 지니지 않은 물질을 통틀어
> 이르는 '무기물'입니다. 무기물은
> 물, 흙, 공기, 돌, 광물 등입니다.

끓는점이 357℃이기에 뜨거운 불 속에서 하늘로 훨훨 날아가
버리는 액체 악마 수은은 이미 그보다 훨씬 낮은 126℃에서조차
0.001기압(atm)의 기체 압력을 만들어낼 수 있으며, 25℃ 상온에서
는 0.00003기압(atm)을 이끌어낸다. 이는 상온에서 0.03기압(atm)
의 증기를 만들어낸다는 '일반적인 물'과 비교했을 때, 새 발의 피
도 되지 않는 양임에 틀림없다. 그러니 사실 기화성만 가지고는 크
게 이렇다 저렇다 하고 문제 삼을 만한 게 없다.

하지만 이 악마의 진정한 위험성은 첫 번째 이유와 두 번째 이
유가 서로 만났을 때 비로소 발현된다. 대기 중에 떠돌며 온갖 미생
물을 만난 기체 수은, 그리고 우리 체내로 들어오자마자 수많은 유
기물과 끝없는 미팅을 갖는 수은 원소들은 이들과 강력하게 반응
하여 자신의 모습을 '인체에 적합하도록' 탈바꿈한다. '유기물과
융합된 수은 원소'라 하여 '유기 수은'이라는 새로운 이름까지 받
아 들고서 말이다. 이 악마는 생물의 체내에 들어가 멀쩡한 세포들

의 분자 틈새를 파고든다. 이때 주변 세포들은 뭔가 이상함을 느끼지만 그들도 유기물의 가면을 뒤집어쓴 이 악마에게 속아 넘어갈 따름이다.

"너희 나 몰라? 못 본 지 좀 됐다고 어떻게 나를 몰라볼 수가 있냐? 섭섭하네. 이거 봐. 너희랑 똑같은 유기물이잖아. 친구들아, 앞으로 자주 보자."

이제 그의 폭주를 막을 수 있는 건 없다. 시간이 지나면서 자연히 사그라지길 기다리는 수밖에. 이들은 체내의 혈액, 소변 혹은 각종 장기들 속에서 수십 수백 일의 반감기(半減期, half-life)를 거치게 된다.

우리나라를 비롯한 전 세계가 수은의 위험성을 전파하고 다닌 지도 어언 수십 년째다. 식품의약품안전처에 의하면 생선 섭취량이 우리와 비슷한 나라들과 비교할 때 혈액 내 수은의 농도는 현재 비슷한 수치를 보이는데, 이는 지난 몇 년간 꾸준히 감소해온 결과라고 한다.

누가 봐도 기분 나쁜 외모를 자랑하는 이 악마와 그가 뿜어내는

어떤 양이 초기 값의 절반이 되는 데 걸리는 시간을 말합니다. 방사성 원소나 소립자가 붕괴 또는 다른 원소로 변할 경우, 그 원소의 원자 수가 최초의 반으로 줄 때까지 걸리는 시간이지요. 악티늄 217은 100분의 1.8초, 우라늄 238은 45억 년이 소요된다고 합니다. 원래 이 개념은 방사성 붕괴에서 기인한 것이지만 현재는 여러 다른 분야에서도 쓰이고 있습니다.

수은은 중금속이라서 중독을 발생시키는 물질입니다. 증발하기 쉬워 무색의 기체를 만들지요. 일반적으로 생선 섭취나 물, 흙 등을 통해 수은이 체내로 들어오는데, 이런 과정이 반복되면 몸이 수은 중독에 빠져 '미나마타병'을 얻게 됩니다. 수은 중독이 되면 신경계가 망가져서 언어장애, 운동장애 등이 나타나고 심하면 사지가 마비되기도 합니다.

지옥의 연기, 그리고 세상의 모든 유기 분자들을 속이고야 말겠다는 천부적인 사기 능력. 예전의 우리는 도대체 왜, 무엇 때문에 수은을 먹고 불사를 꿈꿨던 것일까? 분명 정상적인 상황은 아니었을 것이다.

죽은 자와 산 자

수은을 먹고
영세를 누려보자!

때는 바야흐로 중국에 '왕조'가 최초로 발흥했던 시기, 즉 은나라(B.C. 1600~B.C. 1046) 혹은 주나라(B.C. 1046~B.C.771) 시절이다.

어느 날, 당대 황제가 원인 모를 죽음을 맞이하여 세상을 떠난 뒤 그의 아들이 뒤를 이어 황제 자리에 올랐다. 그는 선왕의 장례를 후하게 치르고자 여러 가지 방법을 수소문했다. 하지만 그에게 주어진 시간은 생각보다 훨씬 적었다. 선왕의 시신이 상하기 전에 빨리 일을 끝내야 했기 때문이다. 그때 신하 한 사람이 자신의 옛 기억을 되살려 임금에게 조용히 속삭였다.

"폐하, 이것은 '진사'라는 물질로 불에 넣으면 번쩍이는 액체가 흘러나옵니다. 이 액체가 시신의 부패를 막는 데 그렇게 좋다고 하옵니다."

기뻐한 황제는 이를 바로 실행에 옮겼고, 덕분에 성공적으로 장례를 치를 수 있었다. 문제는 따로 있었다. 장례를 치르는 도중 문득 황제의 머릿속을 스쳐간 생각이 기어이 큰 화를 불러일으킨 것이다.

'나도 몇 년 지나면 저 자리에 아바마마처럼 눈 감고 누워야 될 텐데… 아, 인생무상이다. 참으로 덧없고 덧없도다. 그동안 내가 이뤄놓은 것들이 아까워 어찌 눈을 감는단 말인가? 내가 누군데! 선왕의 시신이 썩어 들어가는 것마저 막아낸 내가 아니던가! 잠깐, 가만있어 보자. 그 수은이라는 것을 내가 먹으면 어떻게 될까? 시신조차 썩지 않게 하는 물질이거늘, 살아 있는 사람에겐 효험이 더 좋지 않을까? 산 사람 목숨 늘려주는 것쯤이야 아무 일도 아닐 테지?'

판도라의 상자가 문을 여는 순간이었다. 연단술은 꽁꽁 잠겨 있던 문을 박차고 세상 밖으로 뛰쳐나왔다. 이후 그들은 수은과 더불어 중독을 야기하는 물질 중 최고봉이라고 일컬어지는 '납(Pb)' 까지 함께 복용하기 시작했다. 갈수록 가관이었다. 이 상황을 설명하는 것만으로도 마치 중독된 사람처럼 숨이 제대로 쉬어지지 않고 땀이 날 지경이다.

> **⁉** 납 중독(lead poisoning)은 중금속 납의 수준이 체내에서 높아지는 의학 조건을 말합니다. '연 중독(鉛中毒)'이라고도 합니다. 간단히 말해, 납의 독기로 일어나는 질병의 하나이지요. 보통 언어장애, 두통, 복통, 빈혈, 운동마비 따위의 증상이 나타납니다.

지금의 우리는 이런 모습에 경악을 금치 못하지만, 당시 사람들은 이것이 비극의 씨앗이 되어 돌아오리라는 것을 전혀 예상하지 못했다. 이들은 이후 1,000년 간 '원인 모를' 죽음을 당해야 했고, 이 같은 미스터리한 죽음은 동양 전체로 쭉 퍼져나갔다.

그런데, 불행 중 다행이라고 할까? 차츰 시간이 지나면서 의심의 눈초리로 이 상황을 주시하는 이들이 나타났다. 무지한 행동의 종말이 가까워왔음을 의미하는 현상이었다. 이후 연단술은 본연의 모습에서 한 단계 진화하게 된다. 바로 외부의 '단'을 섭취하는 데서 나아가 직접 먹지 않고서도 인체 내부에서 이를 자체적으로 생산하는 방향으로 진일보하게 된 것이다. 즉 도교(道敎)에서 흔히 말하는 '기(氣)'의 흐름을 이용하여 몸 안에서 영약을 직접 만들어내기로 한 것이다. '셀프(self) 단' 혹은 'DIY(Do It Yourself) 단'이라 부른다고 하면 좀 더 이해하기 쉬울 것이다. 연단술의 '단'이 초반에는 수은을 의미했지만, 세월이 흘러 변모하여 점차 지금의 모습인 '기'의 의미를 갖게 된 배경이다.

✤ 진사

주변을 둘러보자. 우리는 여전히 '단'이라는 글자의 흔적들이 주변에 남아 있는 것을 볼 수 있다. 가장 유명한 것이 호흡법을 통해 내면의 '단'을 만들어내는 방법, 곧 '단전호흡(丹田呼吸)'이다. 단전호흡은 몸속에 단이 만들어질 때 우리 몸의 혈액 성분이 바뀌어 영생을 누리게 된다는 발상인데 이 같은 동양 연단술의 역사는 고구려에도 영향을 미쳤다.

도교에 취한 절대자

"아, 어떻게든 저들의 힘을 빼놔야 될 텐데. 언제 내 목을 내놓으라고 달려들지 몰라. 좋아, 저들이 숭배하는 종교를 이용해보자!"

고구려 권력의 정점에 선 연개소문은 유교와 불교를 받들고 있는 당시 고구려의 상황을 이용해보기로 결심했다. 먼저 본인의 집권에 불만을 가진 주변 세력을 견제하기 위해 제3의 종교인 도교를 크게 장려했다. 도교를 유행시키려다 보니 연개소문은 어느새 영생(永生)이나 불사(不死) 같은 소재들과 친숙해졌다. 그런 만큼 연단술과의 연결은 너무도 자연스러운 일이었다.

하지만 그는 다행스럽게도 중국의 황제들처럼 무지하지 않았다. 그동안 경험치가 쌓이고 쌓여 인체에 해롭다는 소문이 자자해졌던 탓일까? 연개소문을 비롯한 고구려 인들은 수은을 직접 먹지 않았다. 그 대신 수은을 간접적으로 이용했다.

나는 중국 황제처럼 무지하지 않아. 히히히, 나는 금을 먹을 것야!

"그대들은 들으라. 풍문으로 듣기에 금을 먹는 것이 건강에 좋다고 하여 나도 지금부터 금을 먹어볼 생각이오. 그러기 위해서는 삼국 중에서도 우리 땅에 유독 많이 묻혀 있다는 저 광산을 한 번 뒤집어야겠는데. 산에 있는 걸 파내기 어렵다면 강가에 모래와 함께 있는 금 조각들이라도 찾아내면 될 터이니, 어찌 하면 그 안에서 금만 쏙 빼낼 수 있겠는가 다들 그 방법을 찾아보시오!"

만일 여러분이 과학 원리에 정통한 사람이라면 어떤 방법을 제시할 것인가? 어렵지 않다. 우선 상식적으로 접근해보자. 돌에 박혀 있는 금들을 녹여내기만 하면 된다. 여간해서는 다른 물질과 반응하지 않는다고 잘 알려진 금을 녹일 수 있다면 이후의 과정은 그야말로 손 안 대고 코 풀기에 지나지 않는다. 어떻게 하면 금을 녹여낼 수 있을까? 그리 어렵지 않다. 앞서 우리가 끊임없이 이야기해왔던 수은을 사용하면 된다.

남들이 자신을 괴롭히는 건 참아내지 못하는 수은은 오히려 남을 괴롭히는 데는 도가 텄다. 우리는 분명 앞서 수은의 강력한 파워로 인해 외부 물질과의 반응성이 거의 제로에 가깝다고 하는 은(Ag)마저 벌벌 떤다고 했다. 과학 시간에 하도 많이 들어서 친숙하다 못해 어느 정도 외우기까지 하는 '원소 주기율표'를 들춰보자. 위/아래로 선을 죽 그었을 때 같은 줄에 존재하는 원소들은 비슷한 특성을 지닌다고 배웠다. 은과 비슷한 특성, 같은 세로줄(11족)에 위치하고 있는 원소들은 무엇 무엇이 있는가? 그렇다. 바로 원자번호 29번인 구리(Cu)와 79번인 금(Au)이 은의 둘도 없는 형제들이다.

이들은 귀금속이라는 별명을 가진 집단으로서 어지간해서는 변하지 않는다는 특성을 자랑한다. 그러나 이들 귀금속 형제의 높은 콧대를 꺾을 수 있는 방법이 딱 하나 있다. 바로 수은을 곁에 두는 것이다. 그토록 강인한 '콧대 높은 형제들'이 유독 수은에게만큼은 한없이 약한 모습을 보이곤 하니 말이다. 마치 자연계의 먹이 사슬처럼!

연개소문은 고체의 금이 수은을 만나면 바로 유동성을 갖게 된다는 사실을 당시에 이미 알고 있었던 것일까? 사실 그가 이런 능력과 지식이 있었는지 지금으로서는 전혀 확인할 길이 없다. 당시 수은과 납의 합금을 '금'이라 부르기도 했으며, 심지어는 일반적인 금속들마저 '금'이라고 불렀기에 이들이 노린 게 진짜 금인지 아닌지 역시 정확히 알 길이 없다. 다만 기록에 남아 있는 그대로 '금'을 '금'이라 믿고 과학적 이론을 들이밀어볼 뿐이다.

당시 그들은 지금의 우리보다 어떤 측면에서는 과학적 지식이 풍부했을지도 모르겠다. 책에서 얻은 지식이 아닌 온갖 경험들로 단단히 무장된 살아 있는 지혜를 발판 삼아서!

비록 고구려 사람들이 사용했던 '단'의 정체가 무엇이었는지 정확히 알 길은 없지만, 당시 그것의 존재가 매우 유명했다는 사실만큼은 명백하다. 수많은 옛 문헌이 전부 거짓을 말하고 있는 것이 아니라는 전제 아래 말이다. 대표적인 기록은 중국의 도홍경(陶弘景, 456~536)이라는 학자가 지은 『본초경집주(本草經集注)』라는 책이다. 그는 대륙 곳곳에 있는 약재들을 정리하여 기록해두었는데, 놀랍게도 여기에 고구려의 '단'에 대한 언급이 나온다. 아래와 같은 극찬과 더불어서.

일반적인 금설은 독성이 있어서 정제되지 않은 것을 먹으면

바로 죽지만, 고구려의 금설은 잘 정제되어 있어서 그대로 먹을 수 있다._『본초경집주(本草經集注)』 중에서

금설(金屑). 그들은 영생을 꿈꾸며 '금가루'를 먹었고, 정확히는 '잘 정제된' 금가루를 먹었다. 이들이 이야기하는 정제란 금 이외의 모든 불순물들을 제거하는 행위의 통칭일 테니, 건강을 해치는 수은의 제거 또한 신선이 되기 위해 거쳐야 할 관문들 중 하나였던 게 분명하다.

물론 아예 쓰지 않았다면 제거할 필요조차 없었겠지만, 당시로서는 화학적 혹은 전기적인 정제 능력이 전무했던 시대이다. 현대인들의 정제 능력과 비교하는 것 자체가 무의미한 일이다. 염소 가스, 시안화나트륨 용액, 심지어는 전기 충격까지. 별의별 방법을 동원하고 있는 우리가 그들의 답답한 마음을 제대로 헤아릴 수나 있을까? 건강은 물론, 효율성까지 좋지 않은 '아말감(amalgam) 법'으로 금을 정제하던 그들의 심정은 우리는 죽었다 깨어난다 해도 절대 알 수 없다. 비록 수은의 힘이 금 이외의 다른 원소들에까지 영향을 끼친다는 사실을 잘 알고 있는 그들이었다고 해도, 어느 정도의 불순물은

?! 수은과 다른 금속과의 합금. 수은의 양이 많으면 액체 상태가 되나, 대부분이 고체 상태입니다. 수은은 백금, 철, 니켈, 망가니즈, 코발트 따위의 녹는점이 높은 몇 가지 금속을 제외하고 여러 실용 금속과 서로 녹아 아말감이 됩니다. 금과 은의 야금, 거울의 반사면, 치과용 충전재 따위로 쓰는데요. 아말감법이란 금과 은이 수은에 녹아 아말감이 되는 성질을 이용한 습식 야금법을 말합니다.

눈 딱 감고 넘길 수밖에 없었다.

아무리 그렇다 해도 그들은 분명 고퀄리티의 금설을 얻어내는 데 성공했다. 현재 한반도 땅에서 채광량 넘버원을 자랑하는 곳이 평안북도임을 감안해 미루어 짐작해보건데, 고구려는 자신들이 보유한 다량의 금을 누구보다 잘 정제할 수 있는 능력이 있었고, 이러한 능력은 필연적이었으리라. 연개소문을 비롯한 총책임자들이 자신의 앞 마당에 파묻힌 그 많은 보물들을 가만 보고 있었겠는가?

그런데 잠깐만. 무언가 빠졌다. 금을 정제하는 것은 이해하겠는데, 그들은 어떻게 가루의 형태로 얻어냈던 것일까? 표면장력이 매우 큰 수은과 함께 아말감의 형상을 이루고 있는 금이라면 그 역시 수은과 마찬가지로 동그란 구의 모습을 하고 있어야만 한다. 이후 수은을 날려버리면 남는 건 청심환 모양의 금 구슬. 금 가루와는 형태가 사뭇 다르다. 당시의 고구려인들이 구석기 시대의 원시인들보다 미개하여 금 구슬을 이빨로 뜯어내고, 손톱으로 떼어내지 않는 이상, 도홍경이 이야기하던 금설은 구현해내기 어려운 게 사실이다.

그들은 이를 위해 사금(砂金)을 사용했던 것으로 보인다. 금 성분을 가진 광석이 바람이나 물살에 의해 침식되어 강변이나 강바닥에 쌓인다는 부스러기 말이다. 삼국시대부터 우리 조상들은 강가에서 사금을 채취했고, 그들은 이를 얇게 가공하여 엽자금(葉子金)이라는 이름의 미세한 금박편을 만들어냈다고 한다.

물론 사금을 정제하는 데 굳이 효율성이 떨어지는 수은을 썼는

지까지는 알 길이 없으나, 우리에게 알려지지 않은 그들만의 노하우가 있었겠거니 추측만 해볼 뿐이다. 남들이 다 아는 방법만으로는 최고의 금설을 만들 수 없었을 테니 말이다.

중국의 왕족을 비롯한 돈 많은 귀족들이 너나 할 것 없이 앞다투어 고구려의 노하우가 담긴 '안전한' 금설을 사다가 본국으로 나를 것이라는 건 불을 보듯 뻔한 일이다. 어디 그 뿐인가? 독성 물질을 제거한 뒤 뒷면에 'made in 고구려'라 적어 넣은 그들은 분명 우리 민족이 가야 할 방향을 정확히 알고 있었다. 우리 같은 자원 부족 국가가 살아남는 영리한 방법을 말이다.

내 곁을 지켜다오

영원히 살아보겠다고 건드려서는 안 될 황화수은(진사)를 건드린 그들. 죽음의 문턱에 이르러서야 비로소 자신이 헛된 꿈을 좇았다는 사실을 알게 되었다.

"중국의 황제들이 너나 할 것 없이 수은, 수은 하기에 나 또한 혹했던 건 사실이다. 그런데 내가 어디 이제껏 누린 부귀영화가 아까워 죽기 싫어했던 줄 아느냐? 물론 전혀 아니라면 거짓말이겠지만, 솔직히 나는 죽음이 두려웠다. 단 한 번도 가보지 않은 곳에, 그것도 내 곁을 지켜주는 너희들도 없이 나 혼자 어찌 간단 말이냐? 나는 너무도 무섭구나. 내가 모아온 재물을 너희에게 모두 줄 테니 내가 가는 길을 비춰줄 수 있겠느냐? 제발 어둠의 존재들이 나를 해할 수 없도록 해다오. 제발….”

고구려의 절대자는 남은 말을 채 끝내기도 전에 눈을 감고 말았다. 그의 주위를 지키던 자손들과 신하들은 흘러내리는 뜨거운 눈물을 닦는 것도 잠시, 고인의 근심을 덜어주기 위해 무덤 내부에 그림을 그리기 시작했다. 그 작업의 마무리는 천연 석채(돌가루)들의 몫이었다.

고인이 생전에 그토록 믿고 따랐던 도교를 이용해 죽음의 길목을 지켜주기로 결심한 그들은 동쪽에는 푸른 빛깔의 청룡, 서쪽에는 하얀 빛깔의 백호, 남쪽에는 붉은 빛깔의 주작, 북쪽에는 진한 갈색 빛깔의 현무를 그려 넣었다.

청룡의 채색은 공작석이라 불리는 구리화합물($CuCO_3 \cdot Cu(OH)_2$)이 맡았고, 백호의 채색은 연백이라는 납화합물($2PbCO_3 \cdot Pb(OH)_2$)과 석회($CaCO_3$)가, 현무의 채색은 석간주라는 이름의 산화철(Fe_2O_3)이 담당했다. 붉은 주작의 채색만 남겨둔 고구려인들은 고민에 빠졌다.

“붉은 빛깔은 무슨 재료를 쓰지? 석간주(Fe_2O_3)로 붉은 기운만 살짝 줄까? 아니야, 현무의 채색이랑 크게 다르지 않잖아. 그럼 납화합물 중에서 붉은 계열(Pb_3O_4)을 써볼까? 그것도 좋지만, 뭔가 좀 더 상징적인 게 없을까? 고인을 상징할 수 있는 재료 말이야. 아! 그게 있었지?”

그들은 불타는 주작에 걸맞은 채색 재료를 찾아 먼지가 수북하

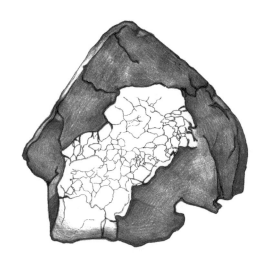

게 쌓인 어두운 창고 속으로 들어갔다. 그곳에는 이미 오래전 건강에 좋지 않다고 판명된 시뻘건 진사(HgS) 가루가 있었다.

"그래! 주작의 불기운을 구현하기에 이것만큼 좋은 게 없지! 남쪽의 주작은 진사에게 맡겨보자. 110여 년 전, 남쪽의 두 나라에 한강을 빼앗겼다며 원통해하던 고인께 영원불멸의 재료, 진사를 선물해드리는 거야. 죽음의 길도 영원히 지켜드리면서 말이야. 이러면 남쪽의 한강은 영원히 그분 것이 되는 거지."

아직은 북녘 땅이 열리지 않아 그곳에 있는 고분 벽화들을 볼 수 없지만, 약수리고분(평안남도 남포시 강서군 약수리), 강서대묘(평안남도 남포시 강서군 삼묘리)를 포함한 여러 고분에서는 붉은 진사 가루로 칠한 주작이 1,500년이 지난 지금까지도 시뻘건 불을 뿜고 있다고 한다.

2

백제표 페인트

심리전을 위한 필수품

고구려와의 일전을 앞둔 당나라의 두 번째 황제, 태종 이세민! 그
는 대규모 전쟁에 앞서 상대의 기선을 확실히 제압할 목적으로 무
언가를 계획하고 있었다.

　"황금 갑옷을 대령하라는데 뭘 이리 꾸물거리느냐! 고구려, 이
놈들. 지금은 잘도 버티고 있다만, 내 인내심도 여기까지다. 대륙
을 호령하는 황제인 내가 그렇게 호락호락하지 않다는 것을 보여
주지."

　세상의 중심을 상징하는 '노란색'을 적극 활용한 중국 황제들
은 황금 빛깔의 옷을 즐겨 입었다. 그런데 이런 고귀한 황금 옷을

평화로운 궁궐뿐만 아니라 핏빛으로 살벌한 전쟁터까지 입고 나간다? 세탁과 옷 수선이 어렵긴 하겠지만, 분명 상대방에게는 살 떨리는 심리적 압박을 안겨줄 게 틀림없다.

여기서 잠깐! 전쟁에 나가는 장수의 입장이 아닌, 갑옷을 만들어주는 디자이너의 입장에서 이 상황을 한번 바라보자. 여러분이 만약 황금 갑옷을 만들라는 어명을 받은 디자이너라면 어떻게 하겠는가?

아무리 자원이 풍부한 중국 대륙이라지만, 병력 전체에 비싼 황금을 덕지덕지 바른 갑옷을 만들어 입힐 수는 없는 노릇이었다. 그렇다고 해서 여러분의 목숨 줄을 쥐고 있는 황제와 몇몇 대장군의 것만 만들 수도 없다. 이 방법은 찬란한 금빛 물결로 상대방의 기를 죽이려고 하는 애초의 목적에 전혀 부합하지 않기 때문이다. 어느 정도 효과를 보려면 적어도 맨 앞줄에 서게 될 수백, 수천의 병사들이라도 황금 갑옷을 입어야 한다. 자, 이러지도 저러지도 못하는 혼란스런 상황이다. 여러분이라면 어떤 선택을 하겠는가?

상황 판단 능력이 뛰어난 여러분에게 방금 번뜩이는 아이디어가 하나 떠올랐다. 바로 평범한 갑옷에 '황금 칠'을 하는 것이다. 겉만 번지르르한, '무늬만 황금'인 갑옷을 만들면 되는 것 아닌가? 기

왕 잔머리를 굴리는 마당에 진짜 황금 칠이 아닌, 황금처럼 보일 덧
칠이면 더욱 좋지 않을까? 어차피 목적만 달성하면 되는 일인데,
굳이 비싼 황금을 실제로 사용할 필요는 없다. 이런 기발한 아이디
어라면 황제도 여러분에게 "이런, 융통성 많은 신하라니!" 하면서
승진시켜줄지도 모른다. 14억 중국인의 영웅인 당태종은 다행히
융통성이 있었던 인물인 듯하다. 그는 급히 사신을 파견하여 황금
과 비슷한 외관을 보이는 액체를 얻어 오게 했다.

　그로부터 600년이라는 긴 시간이 흘렀다. 광활한 대륙에 또 한
명의 영웅이 태어났다. 그의 이름은 테무친, 우리가 잘 아는 '칭기
즈 칸'이다. 몽골제국을 넓히고 넓혀 유럽까지 손아귀에 넣었던 그
는 기마술에 능한 민족의 위대한 아들이었다. 칭기즈 칸 역시 수백
년 전 선배 황제와 마찬가지로 전쟁에서 황금을 이용하여 상대방
을 압박하고 기선을 제압하되, 이를 자신의 기마 부대에도 적용해
보고 싶었다.

　"이봐라. 힘을 쓰지 않고 제압하는 것이 병법의 기본 아니겠느
냐? 짐은 황금을 사용하여 우리의 힘을 과시하고자 한다. 기마 부
대에 황금 칠을 한다면 최대의 효과를 낼 것 같은데, 비용이 만만치
않아 걱정이다. 어찌하면 좋겠느냐?"

　꿀 먹은 벙어리들 사이로 역사 지식에 해박한 신하 하나가 조
심스레 손을 들었다.

　"폐하. 600년 전, 중국 대륙을 호령하던 당나라의 태종 황제를
알고 계시는지요. 그의 황금 갑옷이 진짜 황금으로 만든 것이라 생

각하십니까? 그는 황금 빛깔이
나는 액체를 구해다가 갑옷에 칠
함으로써 지금 폐하의 고민거리
를 단번에 해결했다고 합니다."

칭기즈 칸이 눈을 동그랗게
뜨고 다급히 되물었다.

"그 비법은 어느 지역에 가면
얻을 수 있는 것이냐? 이 넓은 대
륙에서 어느 곳을 찾아가야 되는
것이더냐? 남쪽? 서쪽? 설마 우리가 있는 이 북쪽 지역은 아닐 테
고. 당장 말해보거라!"

신하가 빙긋 웃으며 대답했다.

"왜 동쪽은 언급하지 않으십니까? 정답은 그곳에 있습니다."

동방의 노랑 형제

동쪽의 어느 작은 마을. 그곳엔 사이좋은 형제 '노랑이와 누렁이'
가 홀어머니를 모시고 살아가고 있었다. 일찍이 아버지를 여의고
외로운 날들을 보냈지만, 누구보다도 강인한 어머니는 이들 형제
를 바르고 성실하게 키웠다. 그런데 몇 년이 지나 그들은 새아버지
를 맞게 되었다. 호시탐탐 세력 확장을 노리던 '빨강 나라' 왕의 청

혼을 어머니가 차마 거절하지 못했기 때문이다. 하지만 불행 중 다행으로 왕은 노랑이와 누렁이를 친 자식처럼 사랑하고 아꼈다.

그러던 어느 날이었다. 어디선가 들어본 적도 본 적도 없는 '빨강이'라는 녀석이 나타나 부러진 칼 조각 하나를 들이밀더니 자신이 진정한 후계자라 우겨대기 시작했다.

"내가 진짜 우리 아빠 자식이야, 이놈들아. 니들은 굴러온 돌이잖아? 여기가 어디라고 감히! 이 나라에 어울리지도 않는 것들이 자식 행세를 하냐? 이 나라의 다음 왕은 나니까 너희는 앞으로 내 눈앞에 나타나지 마! 숨만 쉬고 살라고, 응?"

눈물이 핑 돌았지만 전혀 틀린 말은 아니었다. 빨강이는 칼 조각을 손에 쥔 채 계속 몰아붙였다.

"야, 그것뿐인 줄 알아? 니들은 색깔도 애매하잖아. 강렬한 빨강이든가 시원스런 파랑이면 몰라도 노랑이 뭐냐 노랑이. 어중간하게 끼어서는…. 니들은 이도 저도 아닌 한심한 놈들이야!"

노랑이 형제는 하고 싶은 말이 턱 밑까지 차올랐지만, 자기들 때문에 가슴이 찢어질 어머니를 생각하며 울분을 참았다.

"형님, 차라리 어머니를 모시고 따뜻한 남쪽 땅으로 갑시다."

마음 착한 형제들은 이내 준비를 마치고 아버지인 왕에게 작별 인사를 한 후 뒤돌아 문을 열고 나왔다. 바로 그때였다.

"왕자님, 저희를 버리고 가지 마세요. 저희도 따라가겠습니다. 흑흑."

문 밖에는 언제부터 기다리고 있었는지 샛노랑이, 누리끼리,

노리끼리, 누르스름 등 빛깔이 조금씩 다른 수많은 노랑 무리가 무릎을 꿇은 채 그들의 앞을 가로막고 있었다. 모두 눈물을 뚝뚝 떨어뜨리고 있었다. 그들의 모습을 보고 형제는 울컥했다. 고마운 마음에 덩달아 눈시울이 붉어졌다. 형제는 그들을 하나하나 일으켜 세우며 나지막이 말을 건넸다.

"고맙네. 꼭 자네들과 함께하겠네."

'그들과 평생을 함께하리라'고 다짐한 노랑 형제는 수많은 지지자들을 이끌고 이 산과 저 산, 바다와 강을 건너 힘겹게 남쪽 어느 지역에 도착했다. 바다가 훤히 보이는 해안이었다.

그러나 우애 좋기로 남부럽잖았던 이들 형제에게도 이별이 찾아왔다. 추구하는 가치관이 서로 달랐기 때문이다. 각자의 다름을 인정한 그들은 지지자들을 둘로 나누어 형은 바닷가에, 동생은 좀 더 내려가 강을 낀 육지에 자리를 잡았다.

"누렁아, 아쉽지만 우리 이쯤에서 헤어지는 편이 낫겠다. 몸 건강히 잘 지내고 조만간 다시 만나자. 우리가 형제라는 사실을 잊지 말고."

하지만 형은 운이 좋지 못했다. 바닷가는 그가 이제껏 지내온 산골짜기와 환경이 너무도 달랐다. 갑작스런 환경 변화 때문이었는지 형의 건강은 급속도로 나빠졌다. 지도자가 시름시름 앓게 되자 노랑이를 따르던 이들도 하나둘 떠나기 시작했다. 그들은 동생인 누렁이가 다스리는 마을을 찾아갔다. 육지에 터를 잡고 살던 무리가 그들을 반갑게 맞이했다. 흩어져 살던 노랑 패밀리가 비로소

한 자리에 모이는 순간이었다. 참으로 장관이었다. 눈이 부시도록 아름다웠다. 그들은 자신의 모습을 다음과 같은 기록으로 남겼다.

화이불치 검이불누(華而不侈 儉而不陋)
(화려하지만 사치하지 않고, 검소하지만 누추하지 않다.)

하나, 둘, 셋… 한 데 모인 그들은 무려 100가구가 넘는 규모였다. 당시 옆 나라는 그들을 일컬어 '바다를 건너온 100의 세력(백가제해百家濟海)', 즉 '백제(百濟)'라 불렀다.

친아들 유리에게 밀려 고구려의 주몽 곁을 떠나 한강 유역에 백제를 건국한 온조 형제, 그들은 그렇게 '노란 빛깔'로 대변되었고, 훗날 그 빛깔은 그들의 보물에 그대로 투영되었다.

보물섬을 찾아서

"에잇! 이게 뭐야. 나무에서 흘러나온 진액이 다 묻어버렸잖아!"
백제 땅으로 이주해온 노랑이들의 후예, 황 아무개 씨. 그는 오랫동안 나무 그늘에 놓아두었던 자신의 흙그릇을 보고 신경질을 냈다. 사실 그릇 놓아둔 걸 깜빡한 것은 온전히 자신의 실수였다. 그릇은 온통 진액 범벅이 되어 쓸 수 없게 되어버렸다. 황 아무개 씨는 그릇을 내던지며 짜증을 냈다.

흙그릇 입장에서도 불쾌하기는 마찬가지였다. '칠칠맞지 못해도 유분수지. 저런 주인을 어떻게 믿겠어?' 그릇은 이제 주인과 거리를 두기로 마음먹고, 아예 그늘 밑을 자신의 새 보금자리로 정해 버렸다. 자의 반 타의 반, 나무 아래 눌러 앉은 것이다.

하루가 지나고, 이틀이 지나고, 몇 달이 지나고, 또 몇 년이 지나갔다. 어느 날 황씨는 실로 몇 년 만에 주변 정리를 하게 되었다. 그러다가 흙그릇과 결별했던 나무 근처에 이르렀다.

"오랜만에 주변 정리를 하려니 손이 많이 가는구나. 어라, 이건 뭐지? 헉, 황금이잖아! 그럴 리가 없는데…. 아! 맞다, 이거 전에 갖다버린 그 흙그릇 아니야? 왜 이렇게 됐지?"

남자는 눈앞에서 번쩍이는 황금빛 그릇을 보고 눈이 휘둥그레졌다. 지금껏 만든 그릇만 수백 수천 개에 이를 텐데 이런 황당한 상황은 처음이었다. 같은 세월을 견뎌낸 다른 그릇들은 이미 물이 스며들어 갈라지고 깨졌는데 끈적한 나무 진액을 뒤집어썼던 '쓰레기 그릇'만 멀쩡하다니! 아니, 황금빛을 뿜어내는 근사한 보물이 되어 있다니! 자신의 눈을 의심한 그는 처음엔 그릇에 물을 뿌려보았고, 나중엔 물에 푹 담가보기까지 했다. 그릇의 늠름한 자태에는 변함이 없었다.

세렌디피티(serendipity). 그야말로 깜빡 잊었던 탓에 만나게 된 '의외의 행운'이었다. 나무의 진액이 그릇으로 물이 흡수되는 것을 막아준 것이다. 황 아무개는 그날 이후 더 질이 좋은 진액을 얻으려고 이 나무, 저 나무를 찾아 헤매게 되었다.

이런저런 시행착오 끝에 손에 쥔 궁극의 물질! 이런 것이 바로 과학의 진정한 묘미가 아닐까? 앞의 이야기는 물론 지어낸 것이지만 충분히 가능성이 있는 설정이다. 이 이야기의 주인공이 찾아낸 물질은 무엇일까? 수많은 유물을 감싸고 있는 옻나무의 진액일까? 물론 그것 또한 최고의 '코팅 재료'이다. 충청남도 아산 남성리 석관묘에서 청동기와 함께 발견된 칠박 편, 황해도와 경상남도 등지에서 발견된 여러 옻칠의 흔적만 보아도 이는 반박의 여지가 없다.

그렇다면 옻나무의 진액이 가장 좋은 물질이었을까? 정말 그럴까? 뛰는 놈 위에 나는 놈이 있게 마련이며, 또한 나는 놈 앞에는 파리채를 휘두르는 놈이 종종 그리고 갑자기 출몰하는 게 지구에서의 삶 아니던가! 알지 못한다고 해서 '없는 것'으로 치부하는 건 섣부른 판단이나 경솔함의 소치다. 실은 지구상 어딘가에 더 멋진 물질이 숨어 있을지도 모른다. 어쩌면 더 오래전에는 알려져 있던 것이 시간이 흐르면서 잊힌 것일 수도 있다.

놀랍게도 숨은 보물은 실재했다. 우리가 최고의 코팅 물질이라 여겼던 옻나무 진액보다 훨씬 뛰어난 효과를 갖는 물질이 실제로 존재한 것이다. 더욱 놀라운 사실은 그 보물이 숨겨져 있던 장소가 바로 한반도였다는 점이다. 여기서 끝이 아니다. 더더욱 놀라운 것은 그곳이 한반도의 어느 외딴 섬이었다는 사실이다. 그곳은 '황칠'이라는 이름의 보물이 가득한, 말 그대로 '보물섬'이었다.

천년의 기록

"여보게, 자네 혹시 알고 있나? 내가 얼마 전에 동방에 갔다가 전해 들은 이야기인데, 예전 몽골 제국의 영웅 칭기즈 칸의 황금 갑옷과 천막이 글쎄 진짜 황금으로 된 것이 아니었다는군. '황칠'이라는 비기를 사용했다는 거야. 궁전과 집기류 등 황제의 것에는 죄다 황칠을 해댔는데 말이야, 그게 불화살로도 뚫을 수 없는 신비의 칠이었다고 해!"

13세기 말, 이탈리아의 상인 마르코 폴로(Marco Polo, 1254~1324)는 무려 17년간 자신이 보고 들은 내용을 토대로『동방견문록(東方見聞錄)』을 남겼는데, 그는 이 책에 우리 땅의 보물 황칠(黃漆)을 기록하는 것도 잊지 않았다.

그가 당시 어떠한 자료를 참고하여 이런 기록을 작성했는지 알 길은 없으나 분명한 것은 한반도만의 오랜 보물, 황칠에 대한 자료들은 마르코 폴로가 태어나기 수백 년 전부터 이미 차고 넘쳤다는 사실이다.

고려의 남쪽 섬에 가면 황칠이 나오는데 그것을 구해와 나의 천막에 칠하기를 원한다._『대몽고사』

마르코 폴로 본인이 직접 언급한 칭기즈 칸의 사례는 몽골 제국의 기록인『대몽고사』에 전해지고 있으며, 앞선 당나라 태종의 사례는 『책부원귀(冊府元龜)』라는 중국 북송 시대의 기록에 남아 있다.

> 당 태종이 정관 19년에 백제에 사신을 파견하여 금칠을 채취해다가 산문갑에 칠하였다._『책부원귀』

그 뿐인가? 중국 역사상 최초의 정치 서적인 『통전(通典)』에는 나무의 외관과 진액이 흘러나오는 디테일한 시기까지 언급되어 있다.

> 나라의 서남 바다 가운데, 세 섬이 있어 황칠수가 난다. 소가수(가래나무)와 비슷하지만 더 크다. 6월에 진액을 취해서 기물에 칠하는데 황금같이 번쩍여서 안광을 빼앗는다._『통전』, 백제 편

아직까지도 우리 보물의 존재를 의심해 마지않는 이들을 위해 강력한 한 방을 남겨두었으니, 그것이 바로 『구당서(舊唐書)』다. 200권이라는 방대한 분량을 자랑하는 이 역사서는 모든 의구심을 한 순간에 날려버릴 만하다.

> 백제 섬에서는 황칠 수액이 생산된다._『구당서』

　난다 긴다 하는 유명한 서적들이 약속이라도 한 것처럼 '황칠'을 언급하고 있다. 놀라운 일이다. 그러나 이것 또한 빙산의 일각일 뿐이다. 당시 백제라고 하면 전 세계를 누비던 교역의 나라 아니던가? 백제가 가진 보물에 대한 소문은 빠르게 퍼져 나갔다.

　그렇다면, 백제의 보물이 숨어 있다는 보물섬은 과연 어디였을까? 직접 찾아 나서자니 엄두가 나지 않는다. 2016년 기준 섬 부자인 전라남도가 보유한 섬의 개수만 해도 무려 2,100여 개다. 대충 훑고 지나간다 해도 족히 몇 년은 걸릴 규모다.

　다행히 우리는 수고를 덜어줄 만한 역사 속 은인을 알고 있다. 조선 후기의 실학자 한치윤(1765~1814)이다. 당대 쟁쟁한 실학자들과 어깨를 나란히 한 그는 자신의 저서 『해동역사(海東繹史)』에 보물섬의 위치를 남겨두었다.

✽ 황칠나무(천연기념물 479호) (완도군청 제공)

백제의 서남쪽 바다 세 개의 섬에 황칠나무가
난다 하였고, 황칠은 가리포도에서 유일하게 생
산된다._『해동역사』

'가리포도'는 현재 완도의 옛 이름이다.

"이봐요, 거기 지나가는 아저씨! 이거 한 번 칠해봐. 내구성이
끝내준다니까! 천년 동안 변하지 않는다는 옻칠? 여기 비하면 애
교지, 애교. 이건 무려 만년이나 간다니까!"

백제의 보물섬, 전라남도 완도에는 아마도 이런 멘트를 쏟아내
는 상인들이 엄청 많았을 것이다. 실제로 한 번 칠하면 엄청난 내구
성 덕분에 수천 년에서 심지어 만년까지 간다는 황칠나무(黃漆木)

의 진액에 대해 자랑하는 이들이 말이다. 그렇다면 백제의 보물인 황칠에는 무언가 특별한 것이 있다는 이야기일 텐데, 과연 그것은 무엇일까? 천년을 간다고 알려진 무색투명한 옻칠에는 존재하지 않는 '그 무언가'의 정체를 알아보자.

의리의 파이터

눈보라가 휘날리던 지난겨울, 여러분은 눈썰매장과 스키장을 제 집 드나들 듯 오고 갔을 것이다. 눈이 부시도록 새하얀 눈꽃으로부터 시력을 보호하기 위해 비타민을 한 움큼씩 먹는 수고도 마다하지 않았을 터다. 약간 촌스럽고 우스꽝스러워 보이는 '샛노란 고글'을 마련하려고 주머니도 탈탈 털었을 것이다. 친구들이 비웃든 말든 여러분의 본능적이고 과학적인 촉은 샛노란 고글을 고집하도록 종용했고, 여러분은 조용히 자신의 감을 믿고 따랐다.

"별로 예쁘지도 않은 나를 선택해주다니! 보통 용감한 사람이 아닌데? 좋아, 보답의 의미로 앞으로 내 주인의 눈은 내가 지키겠어! 자외선(紫外線, ultraviolet, UV)아, 덤벼라! 모두 상대해주지!"

주인을 향한 노란 고글의 헌신적인 마음 덕분에 사실 여러분은

> ?! 전자기파 스펙트럼에서 보라색 띠에 인접한, 사람의 육안에는 보이지 않는 영역으로 10에서 400나노미터의 파장 영역을 가집니다. 자외선의 파장은 가시광선보다 짧고, X선보다는 깁니다.

겨울마다 스포츠를 맘껏 즐길 수 있었던 터다. 노란 고글은 어떻게 해서 자외선으로부터 시력을 보호할 수 있었던 걸까? 우리가 보통 때 쓰는 안경과 무엇이 어떻게 다르기에 스키 전문점에서만 판매하게 된 걸까?

우선 고글 앞에 붙은 수식어 '노란(yellow)'을 주목해보자. 아무것도 아닌 듯한 이 형용사에 놀랍게도 '자외선을 막아낼 능력'이 있다. 더 놀라운 점은 그 능력이 등 뒤에 감춰둔 날카로운 칼날에서 기인했다는 점이다. 웃는 얼굴 뒤의 잔혹함이라고나 할까?

부드러움의 대명사, 노란색을 띠고 있는 물질은 알고 보면 타고 난 싸움꾼이다. 그것도 힘이 약한 빛들은 되돌려 보내고, 강한 빛만 선택적으로 제거하는 '의리의 파이터'다. 힘줄이 불끈불끈 솟아 있는 그의 팔뚝에는 다음과 같은 무시무시한 문신이 새겨져 있다.

힘 센 놈들만 드루와!
특히 자외선과 파란 빛!

드디어 제 세상을 만난 빨강부터 노랑에 이르는 가녀린 빛들이 감사의 인사를 하고자 파이터를 찾았는데, 이들의 긴 행렬이 흡사 불그스름한 노란빛을 띤 것처럼 보였다. 바로 그때 문제가 발생했다. 분별 능력이 현저히 떨어지는 우리의 눈이 불과 10센티미터도 떨어지지 않은 뇌를 향해 '의리의 파이터=노란색'이라는 잘못된 신호를 보낸 것이다. 이를 전달받은 죄 없는 뇌는 이 정보가 진리인 양 곧이곧대로 믿어버렸다. 그러나 우리에겐 정확한 정보가 필요하다. 이해도를 높이기 위해 보다 전문적인(과학적인) 용어로 다시 한 번 이 상황을 해석해보자.

우선 우리 눈에 들어오는 이 세상의 모든 빛은 태양이 보내주는 빛을 기본으로 한다는 점을 알아야 한다. 일부는 직접 들어오고, 다른 일부는 물체에 부딪혀 튀어 들어오며, 또 다른 일부는 물체에 흡수되어 우리에게 전달되지 못한다.

이들 빛은 '파장(波長, wavelength)'이라는 저마다의 키를 가지고 있는데, 키가 큰 빛은 '파장이 긴 빛'이라는 표현으로, 키가 작은 빛은 '파장이 짧은 빛'이라는 표현으로 대체된다. 옛말에 '작은 고추가 더 맵다'고 하지 않았던가? 놀랍게도 이

> 21 한마디로 파동에서 같은 위상을 가진 서로 이웃한 두 점 사이의 거리를 말합니다. 즉 시간의 흐름이 정지된 상태에서 반복되는 모양을 주기적으로 보이는 파동을 관찰했을 때 마루와 마루 사이의 거리, 혹은 골과 골 사이의 거리를 파동에서의 파장이라고 합니다.

는 빛의 세계에도 딱 맞는 해석이다. 짧은 파장(단파장)의 빛은 긴 파장(장파장)의 빛보다 에너지가 강했다. 무지개가 표현할 수 있는 다양한 색깔의 빛(빨강~보라) 중에서 파장이 길어 빨강 쪽에 근접한 빛들은 에너지가 작았고, 상대적으로 보라 쪽에 치우친 빛들은 에너지가 컸다.

빛의 분류는 안타깝게도 여기서 끝나지 않는다. 빨간 빛보다 더욱 파장이 긴 빛들은 에너지가 더 작았으며, 반면 보라 빛보다 파

장이 짧은 빛들은 에너지가 더욱더 강했다. 에너지가 극도로 강해 살아 있는 생명체의 수명조차 줄일 수 있던 보라 빛 너머의 빛들(자외선)은 다행히도 지구 대기층의 보호막인 오존층에 의해 대부분 걸러졌다. 하지만 운 좋게 이를 통과한 빛들도 결코 적지 않았다.

하지만 이가 없으면 잇몸으로라도 씹게 마련이다. 지구에 머물러 있는 수많은 존재는 자외선으로부터 자신을 보호할 수 있는 저마다의 방어 능력을 키워갔다.

그중 가장 일반적인 것이 자외선을 흡수할 수 있는 껍질이었다. 껍질을 이루고 있는 수많은 분자의 틈바구니 곳곳에 강한 에너지의 빛들만 흡수할 수 있는 특수한 구조를 가진 분자들을 심어놓은 것이다. 이 분자 구조는 태양빛에서 자외선을 포함한 파란 계열의 빛들을 흡수한 다음 선택적으로 제거했고, 나머지 빛들은 그대로 외부로 튕겨내 되돌려주었다. 반사되어 나온 빛들의 합은 공교롭게도 노란 빛으로 나타났으며, 노란 빛깔을 띠고 있는 물질들은 내부로 자외선을 통과시키지 않았다.

노란 고글 뒤에 숨은 여러분의 눈과 황칠 뒤에 숨은 칭기즈 칸 기마 부대의 갑옷들. 이들 모두 자외선과 같은 강한 빛을 피해 '옻칠의 10배'에 달하는 효력으로 오랜 세월 건재할 수 있었다. 단, 누군가 이들의 노란 '코팅'을 쓱 닦아버리지만 않는다면!

✱ 황칠 작업(고려황칠 제공)

옻칠과 황칠, 손에 손을 잡다

"잠깐! 멈춰! 손대지 마! 아직 만지면 안 된다고!"

울상이 되어버린 아이. 심혈을 쏟아 부은 그의 액체 데코레이션 작품은 결국 망가지고 말았다. '세상은 결코 자신이 원하는 방향으로만 흘러가지 않는다'는 교훈을 얻은 뒤, 재도전에 돌입한 아이는 이번엔 누가 건드리더라도 흐트러지지 않는 방법을 찾아내려고 발 빠르게 움직이기 시작했다. '얼음 땡' 놀이를 하듯 냉동실에 넣어 얼려보기도 하고, 접착력 갑인 본드를 섞어보기도 했다. 그러나 그것도 잠시일 뿐, 냉동실에서 나온 지 몇 초도 되지 않아 흐물거리고, 액체에 섞여 들어간 본드가 희석되기 시작하면서 다시금 무너졌다. 자신의 힘만으로는 부족하다는 판단을 내린 아이는 친구들의 조언부터 장난감에 들어 있는 설명서까지 가능한 한 모든 정보를 섭렵했다.

이윽고 아이는 두 가지 방법을 알아냈다. 첫째는 높은 온도의 '열', 둘째는 자외선이라 불리는 강력한 '빛'이다. 이른바 '탄소끼리 손잡기'다. 이들은 단단하게 굳히기(경화)라는 공통적인 결과를 얻어낼 수 있는 과학자들만의 비법이었다.

노란 페인트로 다시 태어난 노란 물감이라고 하면 좋을까? 갑옷에 칠한 황칠이 빗물에 씻겨 내려가고, 고글의 노란 색이 땀에 벗겨진다면 과연 누가 이것을 사용하겠는가? 따라서 오랜 세월 버티면서 동시에 위용을 과시하려면 '경화'가 필수였다. 과학자들은 이

목적을 달성하려고 팔짱을 낀 채 멋있는 척은 혼자 다 하고 있던 유기물을 불렀다.

"이보시오, 유기물 양반. 내가 부탁이 있어서 그러는데 들어줄 수 있겠소? 듣자 하니 당신이 흐물거리는 액체들을 굳게 만드는 아주 신비한 능력을 갖고 있다던데…. 일단 그 '팔짱' 좀 풀고 내 얘기를 들으면 안 되겠소?"

하지만 유기물은 고개만 끄덕일 뿐 요지부동이었다. 과학자들은 이런 그의 태도에 실망했다. 몇몇은 '버릇없는 놈'이라며 하나둘 등을 돌렸다. 극소수의 인내심 많은 과학자만이 그가 입을 열기만을 기다렸다. 그때, 드디어 굳게 닫힌 유기물의 마음이 열렸다.

"단단하게 굳히고 싶은 물건이 이것이오? 이 작업을 수행하려면 먼저 해야 할 일이 있소. 필요한 게 좀 있으니 마련해주시오. 우선 아랫목을 따끈하게 데워주시고, 조명은 밝게 준비해주시오."

과학자들은 급히 그의 요구 사항들을 처리했다. 모든 것이 준비되었음을 확인한 유기물은 천천히 앞으로 걸어나왔다. 꽈배기처럼 꼬았던 팔을 슬며시 풀더니 액체에 두 손을 담갔다.

그때였다. 출렁이던 액체가 점차 유동성을 잃기 시작했다. 진득한 꿀처럼 변하는가 싶더니 이내 젤리처럼 탱탱한 형상을 이루었다. 곧이어 액체 속에서 두 손을 뺀 유기물. 그의 앞에는 딱딱하게 굳어버린 고체 덩어리 하나가 덩그러니 놓여 있었다.

외부에서 굴러들어온 미꾸라지가 물을 흐린다고 했던가? 고요하던 액체 속으로 비집고 들어온 유기물 분자들은 그 안에서 자신만의 세력을 키워가는 것도 모자라 아예 그곳을 점령해버린 것이다. 기존 액체를 이루고 있던 분자들에 제아무리 용쓰는 재주가 있다 한들 이미 단단하게 굳어버린 고체 속에서는 도무지 힘을 발휘할 수가 없었다.

'이중결합(二重結合, double bond)'이라는 이름의 '팔짱 낀 두 손'이 그 결합을 끊어낸 뒤, 주변의 분자들과 가장 단단한 연결고리라고 알려진 '공유결합(共有結合, covalent bond)'을 이뤄내자 어지간한 힘으로는 절대 끊어낼 수 없는 지경에 이르렀고, 다닥다닥 이어진 분자들은 제아무리 작은 크기의 입자라 해도 절대 통과시키지 않았다. 이

> **?!** 일반적으로 공유결합에서 두 전자로 이루어진 화학결합을 단일결합, 네 개의 전자로 이루어진 화학결합을 이중결합이라고 합니다. '$H_2C=CH_2$', '$O=C=O$' 등의 화학식을 가진 화합물입니다.
>
> **?!** 한 쌍 이상의 전자를 함께 공유하여 이루어지는 화학결합입니다. 전자쌍의 수에 따라 단일결합, 이중결합, 삼중결합이라고 하며, 세 개의 원자들 사이에 이루어진 결합을 '삼중심결합'이라고 합니다.

중결합을 품은 유기물 분자는 그렇게 외부에서 고용된 '용병'으로서 주어진 임무에 최선을 다한 것이다.

그런데 잠깐! 무엇인가 이상하다. 이 용병은 철저하게 현대적인 과학 이론에 근거하여 태어난 물질이 아니던가? 옻칠과 황칠을 사용해온 지도 벌써 천 년. 이러한 과학적인 이론들이 전무했던 당시 우리의 선조들은 어떻게 이 현대적인 용병을 고용할 수 있었을까?

만약 이들의 신분이 용병이 아닌 우리의 정식 군대였다면? 고

용하기에 앞서 이미 물질 속에 들어 있었다면 어땠을까? 시간이 지남에 따라 조금씩 단단하던 이중결합이 풀리고, 이들이 다시금 서로 손을 잡으리라는 건 충분히 예측 가능한 일이다.

그렇다. 천 년이 넘도록 그 어떠한 유기물의 추가 없이 '경화'라는 대업을 이뤄낸 비결은 바로 '자기 안에 이미 경화의 씨앗을 포함하고 있었다'는 점이다. 경화하라! 경화하라! 시끄럽게 떠들지도 않았다. 단지 태양의 따뜻한 빛을 견뎌내지 못한 나그네가 제 알아서 겉옷을 벗었을 뿐!

황칠이라는 이름의 나그네는 그렇게 전 세계를 돌며 황금 코팅을 원하는 이들의 마음을 달래주곤 했다. 우는 아이에게 사탕을 한 아름씩 안겨주었고, 징징거리는 아이들은 따뜻한 노란 시선으로 감싸주었다.

그런데 나그네의 이런 사소한 행보는 놀랍게도 이후 한반도 땅에 수탈의 피바람을 몰고오게 된다. 한두 번 황칠의 달콤한 맛을 본 중국 대륙에서는 아예 시즌마다 요구하기에 이르렀고, 그 피해는 고스란히 우리 땅의 선조들에게 돌아갔다. 천 년 하고도 수백 년이 훌쩍 지난 어느 날, 수탈을 견뎌내지 못한 백성들은 전라남도 지역의 황칠나무의 씨를 말려버리자는 중대한 결심을 했고, 그로부터 200여 년이 더 지나 태어난 우리는 황칠이라는 생소한 단어에 고개를 갸웃거리게 된 것이다.

3

황금 코팅의 비밀

아이언맨 수트의 치명적인 단점

벽에 붙어 뛰어다니며 얇은 실을 마구잡이로 쏘아대는 거미 인간과 온몸에 고급스런 철갑 옷을 뒤집어쓴 억만장자에게 환호성하는 이곳 대한민국은 '마블 공화국'이라 불러도 손색이 없다.

우주에서 날아온 각종 외계 괴물들과 대결의 향연을 펼치는 여러 영웅들 사이에서 유난히 돋보이는 남자. 바로 마블의 대표 캐릭터이자 전 세계인의 사랑을 한 몸에 받고 있는 '아이언맨'이다. 그가 자랑하는 고가의 갑옷은 얼마 전 48개를 넘어섰고, '토니 스타크' 역을 맡은 배우의 몸값 역시 다른 캐릭터들이 넘볼 수 없는 지경에 이르렀다.

도대체 그의 인기 비결은 무엇일까? 까칠한 성격? 잘생긴 외모? 아니면 멋진 스포츠카? 이 모든 요소를 무시할 수는 없지만, 그를 지금의 자리에 앉힌 것은 무엇보다도 완벽에 가깝도록 강력한 '금속 수트' 덕분이다. 폭탄이나 웬만한 미사일에는 끄떡하지 않는 강력한 재질로 만들어진 데다 '자비스'라는 완벽한 인공지능 비서까지 갖추고 있지 않던가?

요즘도 많은 유튜브 채널에서 그의 수트 변천사를 다루고 있다. 재질의 종류와 휴대성, 혹은 부분 착용 기능과 원격 조종 능력에 이르기까지 때와 상황에 맞게 변화를 거듭한 그의 완벽해 보이던 갑옷은 그러나 〈캡틴아메리카: 시빌워(2016)〉에서 치명적인 결함을 드러내고 말았다.

억만장자 토니 스타크에게 치욕을 안겨준 장본인은 누구일까? 바로 자기 몸을 자유자재로 줄여나갈 수 있는 '앤트맨'이었다. 개미보다 작게 변한 그는 아이언맨 수트의 빈틈을 파고들어 내부로 침입하는 데 성공한다. 그러고는 곧장 아이언맨의 수트가 오작동하기 시작했다. 뜻대로 움직이지 않게 된 그의 수트를 더는 최첨단 갑옷이라 부를 수 없게 되었다. 미사일까지 견뎌냈다던 그의 자랑스런 금속 수트가 어이없는 공격에 당해 중세의 말 탄 기사의 철갑옷만도 못한 신세로 전락한 것이다. 아이언맨 덕후들은 말도 안 되는 상황에 한탄 섞인 멘트를 쏟아냈다.

"겉만 번지르르한 깡통 같으니! 빈틈이 없도록 몸을 완벽하게 덮었어야지!"

✠ 다양한 갑옷들

이에 응답이라도 하듯 그로부터 2년이 지난 2018년, 아이언맨은 48번째 수트를 〈어벤저스3: 인피니티 워〉에서 공개했다. 나노 크기의 입자들로 이루어졌다 하여 '나노 수트'라 불리는 바로 그것이다. 훌륭한 재료들과 뛰어난 요리법의 콜라보로 모든 이가 만족할 만한 요리가 탄생한 것이다.

더 이상 빈틈 따위를 허용하지 않는 아이언맨의 강철 수트는 그제야 비로소 주인의 몸을 완벽하게 보호하게 되었는데, '상대방에게 허점을 보이지 말라'는 케케묵은 교훈이 또 한 번 빛을 발한 순간이었다.

가장 완벽한 재료를 준비하라

"드디어 약점이 파악됐다! 모두 저곳을 집중 공략하라!"

마블 영화에서는 인간과 외계인을 불문하고 하나같이 상대방의 약점을 파고드는 전략을 구사한다. 그 옛날 중국의 전략가였던 손무(孫武, 기원전 6세기경)도 이를 자신의 저서『손자병법(孫子兵法)』에 남겼을 만큼 '약점 파고들기' 전략은 예로부터 훌륭한 공격법이자 자연스러운 생존 본능으로 여겼다. 즉 모두가 그렇게 생각했다는 뜻이다. 살아남으려면 어떻게든 내 약점을 감춰야 하는 것 아닌가?

인류는 이러한 필수 생존 능력을 자신의 도구에 투영시키고 싶어 했다. 그러나 배고파서 먹는 빵이 맛도 있다면 그야말로 금상첨화! 그들은 도구에 방어막을 쳐주되 남들에게는 고급스럽게 비춰지길 바랐다. 이 목적을 달성하기 위해 인류가 선택한 재료가 '황금'이다. 자연에서 최상의 공격력을 보이는 산소라는 기체로부터 가장 완벽하게 보호할 수 있는 최고의 방어막으로서 이보다 더 훌륭한 소재가 어디 있으랴! 게다가 미처 생각하지 못했던 부수적인 효과까지 덩달아 따라 붙었으니 그야말로 '꿩 먹고 알 먹는' 격이었다.

"옳거니! 남들이 볼 때도 실제 황금덩어리와 전혀 다르지 않으니, 이게 웬 떡이냐!"

내부가 무엇으로 이루어졌든 값비싼 황금덩어리와 똑같은 외모를 갖게 된 것이다. 하지만 이 모든 걸 만족시키려면 앞선 아이언맨의 금속 수트처럼 빈틈없는 완벽한 상태를 구현해야만 했다. 빈틈 있는 황금 방어막은 단순한 보여주기 식 황금옷에 지나지 않을 테니까! 이에 인류는 소중한 도구에 완벽한 황금 코팅(도금)을 하기 위한 연구에 돌입했다. 지금으로부터 2,000년의 시간을 거슬러 올라가보자.

"자네는 우리 로마의 뛰어난 기술자이자 건축가임에 틀림없네. 앞으로도 쭉 나와 함께하세."

루비콘강을 건너 고대 로마를 평정한 율리우스 카이사르(Julius Caesar, 기원전 100년~기원전 44년)의 곁에는 당대 최고의 건축 기술자였던 비트루비우스(Marcus Vitruvius Polio, 기원전 1세기경)가 있었다. 그는 황제의 은덕에 보답하고자 건축 이론을 집대성한 책을 내게 되는데, 『건축 10서』로 알려진 이 책은 고대 로마부터 내려오는 유일한 건축 관련 서적일 뿐만 아니라 현대의 건축에도 지대한 영향을 미치고 있다.

그는 자신의 책 일곱 번째 챕터(제7서)에서 놀라운 기술 하나를 언급하고 있다. 바로 '구리의 표면에 금을 완벽히 덮어씌우는 방법'이다. 당시 예술품 혹은 장식품은 구하기 쉽고 값도 저렴한 구리로 만들어진 것이 대부분이었는데, 여기에 황금으로 얇게 표면 도금을 하면 순식간에 값비싼 황금덩어리처럼 보일 수 있었던 것이다. 비단 장식품뿐만이 아니다. 당시 로마인들은 도금이라는 놀라운 기술을 활용하여 벽과 천장에 황금칠을 하기에 이르렀다.

모르는 사람이 볼 때는 그야말로 황금덩어리로 세워 올린 건물 그 자체였다. 그들은 어떻게 완벽하게 황금 코팅을 해낼 수 있었을까? 만약 우리가 당시의 그들이었다면 어떤 방법을 썼을까?

우선 가장 먼저 떠오르는 방법은 '고온에서 녹여 바르기'이다. 고체 상태인 금을 액체 상태로 녹여낼 수 있는 온도, 즉 녹는점 이상까지 열을 가한 뒤 구리의 표면에 잽싸게 펴 바르는 것이다. 막대 과자에 초코 옷을 입혀본 사람이라면 쉽게 생각해낼 수 있는 방법인데, 여기에 대수롭지 않아 보이는 전제 조건 하나가 따라 붙는다. 바로 막대 과자(구리로 만든 도구)가 함께 녹지 않아야 한다는 점이다. 금의 녹는점은 1064℃, 구리의 녹는점은 1085℃라는 점을 감안하면 사실상 이 작업은 불가능하다는 것을 짐작할 수 있다. 금이 녹는 환경이라면 동시에 구리도 찰랑거릴 게 분명하다. 그런데 대체 무슨 수로 고체 구리의 표면에 액체 금을 뒤덮을 수 있다는 말인가?

'초코 옷을 입은 치즈' 혹은 '치즈 옷을 입은 초코'를 들어본 적 있는가? 생각만 해도 환상의 맛을 보여줄 이 간식이 이 세상에 없는 건 결코 우연이 아니다.

허점을 없애는 가장 효율적인 방법

"그런 방법이 통했으면 개나 소나 만들었지!"

그렇다. 비트루비우스를 포함한 고대 로마인들은 분명 개도 아니고 소도 아니었다. 그러니 그들에겐 분명 남이 모르는 특별한 방법이 있었던 것 같다. 과연 무엇이었을까?

이번에는 글자 공부에 한창인 어린아이의 관점에서 생각해보자. 오늘 아이가 배우는 단어는 '녹다'이다. 아이가 사전을 가져다 '녹다'의 뜻을 찾았다.

녹다(동사): 고체가 열기나 습기로 인해 제 모습을 갖고 있지 못하고 물러지거나 물처럼 되다.

국어사전인데도 고체를 녹일 수 있는 두 가지 과학적인 방법이 잘 나타나 있다. 이 딱딱한 문장의 뼈대에 과학적인 살을 살짝 붙여보자.

○ **물질을 녹이는 방법**
첫째, 순수한 액체 상태로 만든다.
둘째, 그것이 어렵다면 용액의 상태로 만들면 된다.

'녹이다'라는 행위를 완성하려면 '열'만 있으면 될 거라고 생각하는 것은 고정관념에 지나지 않는다. '습기' 또한 물질을 녹여주는 하나의 요소이기 때문이다. 그렇다 한들 금이 사전적 의미 그대로 습기(물)에 녹을 리는 없다. 금을 액체로 녹여낼 수 있는, 즉 용질(溶質, solute)인 금을 용해(溶解)시킬 수 있는 다른 재료(용매)를 찾아야만 한다.

단 한 순간도 액체 상태의 금을 상상해본 적 없는 우리이기에 어떤 재료가 필요할지 당장 떠오르지 않지만 확실히 이야기할 수 있는 것은 이 작업이 여간 어려운 일이 아닐 거라는 사실이다. 하지만 지금 우리에게는 고온의 열을 사용하지 않은 채 금을 녹여야 한다는 임무가 내려졌다. 꿈에서도 만나보지 못했으며 불가능할 것 같은 일을 해내야 하는 상황이다. '세상 모든 일에는 그 대가가 따르기 마련'이라는 문구가 머리를 내려침과 동시에 슬슬 불안감마저 밀려온다.

?! 용매에 섞여 들어가는 물질입니다. 용매란 어떤 액체에 물질을 녹여서 용액을 만들 때 그 액체를 가리키는 말이지요. 액체에 액체를 녹일 때는 많은 쪽의 액체를 가리킵니다.

?! 녹거나 녹이는 일입니다. 물질이 액체 속에서 균일하게 녹아 용액이 만들어지는 것, 혹은 용액을 만드는 일을 말합니다.

디즈니 애니메이션에서 인어공주는 두 다리를 얻기 위해 목소리를 내어주었고, 마블 영화의 헐크는 거대한 덩치를 얻은 대신 멀쩡하던 자신의 옷을 갈기갈기 찢어버렸다. 이런 것들을 생각하면 우리가 중요하게 여기는 그 무언가를 빼앗길 것 같아 두렵기도 하지만, 우리는 이미 위화도에서 말머리를 돌린 이성계나 루비콘강을 건너버린 카이사르가 된 셈이다.

그러나 미리 주눅 들 필요 없다. 이성계의 조선 왕조와 카이사르의 로마 제국을 상상하며 당당하게 나아가보자. 과연 이 길의 끝에는 무엇이 있을까? 우리는 '액체 황금'이라는 선물을 얻기 위해 무엇을 포기해야 하는 것일까?

불가능을 가능으로 만들다

용매(溶媒, solvent) 재료는 아니지만 떠오르는 인물이 하나 있다. 영화 속 가상 인물인데 출연하는 영화마다 '신 스틸러(scene stealer)'의 면모를 확실히 보여주는 그의 능력을 정리하자면 대략 다음과 같다.

1. 초음속으로 뛰어다니며 물질의 진동수를 극대화하여 폭발을 이끌어낼 수 있는 건 기본 중의 기본이다.
2. 아무리 고속으로 이동하더라도 몸에 피로 물질이 쌓이는 법이 절대 없다.
3. 이미 발사된 총알을 손으로 붙잡아 방향을 전환시킨다.

불가능을 가능으로 척척 만들어내는 그의 이름은 '퀵실버', 얼마 전까지만 해도 마블과 폭스를 넘나들며 자신의 능력을 뽐내던 인물이다. '빠르게 흐르는(quick) 은(silver)'이라는 의미를 지닌 그 이름은 자신의 능력을 한껏 드러내기에 충분하다. 게다가 탄탄한 팬덤이 형성된 만큼 이제 마블의 주요 캐릭터로서 활약하기에 손색이 없다.

다만 한 가지 아쉬운 점이 있다면, 전 세계에 유명세를 떨치고 있는 캐릭터임에도 불구하고 영어 이름밖에 없다는 점이다. 각국의 느낌에 맞춰 입에 착착 붙는 이름을 만들면 어떨까? 유럽 일대에는 라틴어의 느낌을 물씬 살린 '히드라르기룸(Hydrargyrum)'이라는 이름, 영어권 국가인 영국에는 '머큐리(mercury)'라는 이름, 그리고 한자어 느낌을 중시하는 대한민국과 중국, 일본에는 '수은(水銀)'이라는 이름을 선물하는 것이다.

불가능을 가능으로 만드는 유일한 액체 금속인 수은! 수은은 온도계면 온도계, 협압계면 협압계 등 우리 주변을 맴돌면서 건강을 되찾도록 도와주었고, 금을 녹일 수 있는 유일한 재료로서 다양한 역사서에 등장해 또 하나의 기적을 만들어냈다.

훌륭한 요리법의 승리

"초코 가루를 잘 녹였으니 이제 막대 과자에 고르게 펴 바르는 일만 남았군. 축하하네. 거의 다 끝났어."

그런데 안타깝게도 이 역시 쉬운 일은 아니었다. 재료를 준비하는 것까지는 성공했지만 정확한 요리법을 알아낸다는 것은 또다른 시련의 시작이었다. 엎친 데 덮친 격으로 '설상가상'까지 합세하는 바람에 상황은 더욱 꼬였다. 비밀스러운 요리법을 따른 결과물들이 전 세계 곳곳에서 꾸준히 발견되고 있다는 사실만으로도 많은 과학자들은 발을 동동 구를 수밖에 없었지만, 딱히 다른 방법이 있는 것도 아니었다.

수많은 한숨으로 밤을 지새우는 날들이 늘어났고, 더불어 오만 가지 스트레스도 쌓여갔다. 그러던 중 2016년 어느 가을, 국립중앙과학관에 많은 기자들이 몰려드는 일대 사건이 발생한다.

"오래 기다리셨습니다. 드디어 과거 금동의 비밀을 밝혀냈습니다. 그 비결은 바로 이것입니다."

그날의 주인공은 '매실산'이었다. 매실산은 시큼한 맛의 대표 과일인 매실을 수확한 뒤 3~4개월 정도 숙성시켜 얻어내는 천연 산성 물질인데, 조건만 제대로 맞추면 웬만한 인공 산성 물질 정도의 수준에 도달할 수 있다.

산성도 값을 나타내는 'pH'는 물에 녹았을 때 수소 이온이 얼마큼 기어 나오는지에 따라 결정되는데, 시큼할수록 그 수치가 낮아진다. 예를 들어 과일을 한 입 베어 물었을 때 단순히 인상만 쓰게 된다면 상대적으로 높은 pH를 가졌다는 뜻이고, 베어 무는 순간 비명을 지르게 된다면 상대적으로 낮은 pH를 지녔다는 뜻이다.

$$pH=-\log[H+]$$

위의 수식은 녹아 나오는 수소 이온의 수가 10배 높아질 때마다 pH값이 1씩 감소하는 경향을 정확히 나타낸다. 일반적으로 집에 비치되어 있는 식용 식초의 경우 pH2~3 정도를 보이며 이때 산성도는 4퍼센트 정도밖에 포함되지 않은 아세트산(acetic acid;빙초산)에 의해 결정된다. 간혹 시큼한 맛을 좀 더 원하는 사람들은 눈과 귀를 닫은 채 순도 98퍼센트 이상의 아세트산을 조금씩 타서 먹기도 하는데 혀가 타는 듯한 고통을 안겨주는 이 빙초산 원액은 pH2의 값을 자랑한다.

그런데 놀랍게도 매실산의 산성도는 빙초산과 동급이다. 이 말은 곧 매실산을 이용하면 황금 코팅을 막는 구리 표면의 이물질을 깨끗이 씻어낼 수 있다는 뜻이다. 최대의 산성도를 갖추기 위해 현대 과학이 오랜 시간 고심해 만들어낸 왕수(염산과 질산의 혼합)에 버금가는 고대 과학의 산물에 경의를 표할 수밖에 없다!

구리의 표면을 처리할 재료로서 매실산을 선택한 뒤의 과정은 실상 '거저먹기'에 지나지 않는다. 먼저 매실산으로 깨끗하게 씻어낸 구리의 표면에 수은과 금의 액체 혼합물(아말감)을 고르게 바른 뒤, 400℃의 고온에 넣고 수은만 날려버리면 그걸로 끝이다.

액체 수은이 기체의 형태로 변해 날아가기 시작하는 온도(끓는

점)는 357℃로서, 이는 고체 금이 액체로 변해 흘러내리기 시작하는 온도(녹는점)보다 무려 700℃나 낮기 때문에 손쉬우면서도 완벽한 코팅이 가능했음을 충분히 짐작할 수 있다.

이로써 우리나라를 비롯한 전 세계의 고대 문화재에 '금동(금을 코팅한 구리)'이라는 수식어가 붙게 된 것이다. 물론 현대를 살고 있는 우리는 '전기 도금(電氣鍍金, electroplating)'이라는 최첨단 기술을 활용하여 도금의 세계를 향해 한 발 더 내딛고 있지만 말이다.

수은을 활용한 예전의 도금 기술과 전기를 이용한 현대의 도금 기술. 어느 쪽이 더욱 훌륭한 기술이라 이야기할 수 있을까? 과거는 과거대로, 현재는 현재대로 최선의 노력을 기울여 얻어낸 아이디어이기에 감히 한쪽의 편을 들어줄 수는 없는 노릇이다. "오늘 누군가가 나무 그늘 아래서 쉴 수 있다면 그것은 다른 누군가가 오래 전에 그 나무를 심었기 때문"이라고 했던 워렌 버핏의 말을 항상 기억하길 바란다.

?! 전기 분해의 원리를 이용하여 금속의 표면에 다른 금속의 얇은 막을 입히는 일입니다. 즉 전기 에너지를 이용하여 금속 또는 비금속 소재에 다른 금속으로 얇은 막을 만들어주는 것입니다. 일반적으로 입힐 도금 금속을 양극으로, 피도금체를 음극으로 하여 양극의 금속 이온을 가진 전해질을 통해서 전기를 흘려주어 만듭니다.

3장

남북국

시대

1

분황사
모전석탑

짝퉁 분투기

양 극단의 팬덤

북학파의 아버지 '연암 박지원'과 늑대에게 굴욕감을 안겨준 '아기돼지 삼형제'. 이 둘의 공통점은 무엇일까? 1737년생 박지원(1737~1805)이 돼지 띠였을까? 아니면 세 마리의 돼지 중에서 이름이 박지원인 자가 있었던 것일까? 답은 "모두 아니다"이다. 1737년(정사년)은 돼지의 해가 아닌 뱀의 해였고, 영국 출신 돼지들 가운데엔 박지원이라는 한글명을 가질 수 없었다.

이들이 서로 공유하고 있는 특징은 한 가지, 바로 '벽돌 마니아'라는 점이었다. 자신의 저서 『열하일기(熱河日記)』에 청나라에서 보고 온 벽돌에 대한 찬양을 가득 담았던 박지원과 지푸라기와 나무보다는 벽돌로 지은 집을 선호했던 돼지 삼형제 중 막내 돼지는 '단단함'의 상징인 벽돌을 애지중지했다.

이제 다음 문제로 넘어가보자. 1986년 소련에서 탄생한 만인의 게임 '테트리스'와 1985년에 출시되어 아직까지도 닌텐도를 먹여 살리고 있는 '슈퍼마리오'. 이 둘의 공통점은 무엇일까? 80년대 생, 아니면 장수(長壽)하는 인기 캐릭터? 애매한 부분이 있는 듯하니 질문을 살짝 바꿔본다.

이 둘은 무엇 때문에 출시된 지 30년이 훌쩍 넘는 오늘날에 이르기까지 꾸준한 사랑을 받고 있는 것일까? 인터넷상에 떠돌아다니는 게임의 수만 따져도 수천, 아니 수만이 넘는다. 게임의 춘추전국 시대에서 30년 넘게 살아남기란 다시 태어나는 것보다도 어려운 일인데 말이다. 그들의 인기 비결은 뭐니 뭐니 해도 벽돌을 깨부수는 시원한 타격감에서 나온다.

답답하게 쌓여 가는 각기 다른 테트리스 벽돌 조각들을 모조리 깨버리는 쾌감과 머리 위에 놓인 벽돌을 깨부수며 버섯 빌런(굼바)들을 제거하는 짜릿함은 이들 게임이 갖는 가장 강력한 매력이다.

웃기지 않은가? 어떤 이들이 벽돌의 강함에 매료되었던 반면 어떤 이들은 또 벽돌을 깨는 데 환호성을 지르다니! 절대 함께할 수 없을 것 같은 이 두 가지의 특성을 모두 갖춘 벽돌이라는 존재. 벽돌에는 대체 어떤 사연이 있기에 마블의 '브루스 배너 vs. 헐크'와 같은 서로 극단적인 모습을 보이는 것일까?

지금부터 우리 역사 속의 사건과 문화재를 통해 벽돌의 비밀을 낱낱이 파헤쳐보자. 우리가 갈 곳은 신라가 삼국을 통일한 시점, 신라의 성골이라는 순혈주의가 막을 내린 현장이다.

버릇을 고쳐준 누나

고구려, 백제, 신라로 이루어진 삼국시대가 문을 닫기 직전, 신라에 처음으로 여성 임금이 나타났다. 그녀의 이름은 김덕만, 바로 선덕여왕이다. 당시 순수한 왕족의 피가 흐르는 이로서 그녀가 유일했기에 주변의 염려와 만류에도 불구하고 김덕만은 지존(至尊)의 자리에 앉게 되었다.

이웃나라 중국의 또 다른 지존인 당태종은 어느 날 선덕여왕에게 몇몇 씨앗과 함께 꽃 그림을 한 폭 보냈다. 아무리 마음이 중요하다지만 도무지 센스라곤 1도 찾을 수 없는 한심한 선물이었다. 받는 사람의 기분 따위는 전혀 고려하지 않은 것 같았다. 게다가 중국 황제는 스파이 놀이에 푹 빠진 어린아이처럼 유치한 짓까지 했다. 아둔한 사람들은 절대 알아채지 못하게끔 선물 속에 자신만의 '메시지'를 숨겨놓은 것이다.

"심심하던 차에 잘됐다. 이웃나라 누나가 얼마나 센스쟁이인지 시험해보자. 이걸 알아채면 내가 우리 파트너로 인정해준다."

하지만 신라의 첫 여성 임금은 그의 철없는 장난을 받아줄 만큼 호락호락한 인물이 아니었다. 현명함은 물론 섬세한 눈치까지 탑재한 그녀는 그림을 보자마자 단번에 그의 의중을 짚어냈다.

"요즘 어린 것들은 왜 이리 버르장머리가 없을까? 문화 차이인가? 감히 누나를 가지고 놀겠다고…. 모란꽃만 떡 그려놓고, 나비랑 벌은 일부러 빼먹었다! 나 혼자 산다고 깔본 거 맞지? 좋아, 내가 너희 나라 불교를 이용해서 답을 주겠다. 아주 뜨끔할 거야. 그런데 이놈, 생각할수록 열 받네. 나 향기로운 여성 맞거든?"

선덕여왕은 신하들을 불러 모아 황룡사 바로 건너편 공터에 조그마한 절을 하나 새로 지으라고 명령했다. 그러고는 이름을 분황사(芬皇寺)로 지었다. '향기 나는 황제의 사찰'이라는 의미였다.

하지만 여왕은 쉽사리 화가 풀리지 않았다. 그래서 한창 영업활동 중이던 중국의 벽돌 탑을 들여놓는 대신 다른 형식의 탑을 도입하려고 석공들을 불러들였다. 모두 신라 제일의 '돌깎기 명인'들이었다.

"저 단단한 바위를 벽돌 모양으로 깎으라굽쇼? 이거 재질이 무엇인지는 알고 그런 명령을 내리시는 건가요? 마마, 이건 화강암(花崗岩)이에요, 화강암! 저 바위 깎다가 늙어 죽을 겁니다. 뭐 사례를 아주 많이 해주신다면 한번 목숨 걸고 도전할 수도 있지만…."

이후 분황사 한가운데에 벽돌

> **?!** 대륙 지각의 깊고 압력이 높은 곳에서 형성되는 규장질 심성암 중에 가장 흔히 발견되는 암석의 종류입니다. 대한민국에는 중생대 쥐라기 대보조산운동과 백악기 불국사 조산운동 때 관입한 화강암이 전국적으로 분포하고 있습니다. 닦으면 광택이 나는데, 단단하고 아름다워서 건축이나 토목용 재료, 비석 재료 등으로 많이 쓰입니다.

을 닮은 네모 반듯한 화강암 조각들이 차곡차곡 쌓이기 시작했다. 이것은 전 세계에서 유일한 '짝퉁 벽돌 탑'으로서 버릇없는 당태종의 코를 납작하게 만들어줄 기막힌 아이템이었다. 언뜻 봐서는 진짜인지 가짜인지 도무지 구별이 어려웠다. 이 소식은 곧 벽돌의 본토로 날아들었다.

"뭣이라, 신라 여왕이 내 의도를 파악했다고? 재미없네. 거기다가 우리 벽돌이랑 똑같이 생긴 가짜 벽돌까지 만들었다고? 아니, 고구려랑 백제는 여태 잘만 갖다 쓰는데 신라는 왜 그래? 웃겨, 정말! 그래 봤자 겉모습만 비슷할 테지. 신라놈들, 아무리 따라 하려고 애써도 '넘사벽'이야. 우리 벽돌처럼 튼튼하고 견고한 걸 아무나 만드는 줄 알아?"

얼마 뒤, 당태종의 코가 또 한 번 납작해지는 사건이 발생했다. 천지를 뒤흔든 지진이 일어난 것이다. 흙으로 빚은 원조 벽돌로 세

❋ 분황사

❋ 분황사 모전석탑(국보 제30호)

❋ 분황사 모전석탑 확대

111

불에 구워 만든다는 그리스어에서 유래되었습니다. 고온에서 구워 만든 비금속 무기질 고체 재료인데요. 유리, 도자기, 시멘트 등을 통칭합니다. 과거에는 천연 재료인 모래·흙 등을 직접 사용하여 도자기·타일 등을 만들었지만 이러한 천연 무기 재료들이 열전도율이 적고, 화학적으로는 안정되어 있으나 깨지는 단점이 있음을 알게 되면서 사용이 제한되었습니다. 그러나 현대에 와서는 세라믹을 제조하는 방법이 획기적으로 개선되었습니다.

운 탑은 그만 어이없이 무너지고 말았다. 모두 '흙에서 흙으로(ash to ash)' 돌아갔다. 반면, 신라가 만든 가짜 벽돌 탑은 멀쩡했다. 대체 이유가 무엇이었을까? 답은 아이러니하게도 그토록 칭송해마지 않았던 '강함'에 있었다. 뜨거운 가마 속을 고향인 듯 여기며 살아온 벽돌이라는 이름의 '세라믹(ceramics)' 친구들은 온갖 고통을 이겨낸 끝에 천하무적으로 강해졌다. 그런데 이렇듯 세라믹의 원조라 불리는 중국의 강한 점토 벽돌에 치명적인 약점이 있었다.

이제부터 그들의 강함 뒤에 숨겨진 약점을 찾아보기 위해 탐험을 시작해보자. 그들이 강인한 몸을 얻게 된 과정을 차근차근 되짚어본다면 분명 잘 몰랐던 어두운 면을 만나게 될 것이다.

극기 체험

'가열'과 '냉각'이라는 반복 순환 과정을 거쳐 탄생한 무기화합물인 세라믹 제품들은 예로부터 주변의 기대를 한 몸에 받아왔다. 점토와 고령토를 재료로 쓴 전통 세라믹에서부터 알루미나(Al_2O_3)와 지르코니아(ZrO_2)를 토대로 만들어지는 현대의 고순도 합성 세라믹에 이르기까지 말이다. 그들이 사회로 나가 맡게 된 임무는 저마다 달랐지만, 그들 모두가 '소결(燒結, sintering)'이라는 극기체험을 치르면서 내면을 단단하게 다졌다.

"우리 불가마에서 주최한 극기체험에 참여한 여러분을 격하게 환영합니다. 앞으로 여러분은 인류의 과학기술을 책임질 몸입니다. 그

> ?! 분말 입자들이 열적 활성화 과정을 거쳐 하나의 덩어리로 되는 과정을 말합니다. 가루나 가루를 압축한 덩어리를 녹는점에 도달하기 직전까지 가열했을 때, 가루가 녹으면서 서로 밀착하여 엉기어 굳는 현상으로 요업 제품이나 세라믹 또는 소형 플라스틱의 제조에 응용됩니다.

런데 이 교관이 볼 때는 아직 여러분의 마음가짐이 똑바로 박힌 것 같지 않습니다. 당분간 '나 죽었다' 생각하고 이 교관의 지시를 잘 따라주시기 바랍니다. 아시겠습니까? 목소리가 작습니다. 아시겠습니까?"

그들 앞에는 훈련장이 있었다. 뜨거운 불이 활활 타오르는 구덩이 속이었다. 빨간 모자를 푹 눌러쓴 교관의 이글거리는 눈빛에 압도당한 체험자들은 넋이 나간 채로 입구를 향해 줄줄이 나아갔다. 출입문 손잡이를 부여잡은 교관이 또르르 흐르는 땀방울을 닦

아내며 훈련 내용을 읊조렸다.

"이곳은 여러분을 위해 특별히 마련한 맞춤 훈련장입니다. 옆 친구와의 동기애를 각성시켜줄 우애의 공간이라 생각하면 좋겠습니다. 자, 이제 한 명씩 차례대로 들어가서 준비된 자리에 착석하십시오. 교육 중간에 밑바닥에서 바람이 불어온다 해도 전혀 놀랄 필요 없습니다. 여러

✴ 극기 체험

분이 동기애를 더욱더 단단히 다질 수 있도록 준비한 4DX 좌석이니까요. 여러분이 달라질 걸 생각하니 이 교관은 벌써부터 가슴이 뜁니다. 그럼 파이팅하시고 잠시 뒤 만나뵙겠습니다. 입~장!"

경쾌한 행진곡이 울려퍼지자 체험자들은 영화관의 지정석을 찾아가듯 비스듬한 경사면을 따라 올라갔다. 하나둘 제 이름이 적혀진 의자를 찾아 착석한 후 고개를 들어 벽면에 붙은 현수막을 바라보았다. 거기에는 매우 의미심장한 글귀가 적혀 있었다.

'혼자보다는 여럿이 낫다. 뜨거우면 서로 등을 맞대거나 어깨동무를 한다.'

그들은 앞으로 펼쳐질 일이 두려워 연신 마른 침을 꼴깍 삼켰지만 이를 알 리 없는 출입문은 매정하게도 쾅 소리를 내며 굳게 닫혔다. 드디어 훈련이 시작되었다.

그들의 발바닥에 시작과 동시에 뜨거운 열기가 전해졌다. 밑바

닥부터 따뜻해진 공기가 낮은 밀도를 견뎌내지 못하고 거침없이 위를 향해 치솟았다. 훈련장의 경사면을 따라 오른 따뜻한 공기는 모든 체험자들의 긴장한 얼굴을 스치고 지나갔다.

"점점 뜨거워지는데? 현수막에 적힌 대로 우선 뜨거워진 부분부터 우리 서로 맞대어보자. 외부로 드러나 있는 면적을 줄여야 조금이라도 버틸 수 있어!"

누군가는 옆 동료와 등을 맞댔고, 누군가는 어깨동무를 했으며, 또 다른 누군가는 서로 손을 맞잡았다. 그때다. 새빨간 비상등과 함께 사이렌이 시끄럽게 울렸다.

"비상! 비상 상황입니다! 열 작동 시스템이 말을 듣지 않습니다! 앞으로 온도가 계속 치솟을 것입니다. 이제부터는 오로지 여러분 하기에 달렸습니다. 저희는 즉시 이 상황을 119에 알리고 조치를 취하겠습니다. 부디 상황이 진정될 때까지 살아남아주시길 기원합니다. 죄송합니다."

안내 멘트가 끝나기 무섭게 훈련장 내 온도계가 무섭게 치고 올라갔다. 체험자들은 치밀어 오르는 두려움을 없애려 노래를 부르기 시작했다. 그러나 시간이 지나면서 우렁찼던 노래 소리는 비명으로 바뀌었다. 어느 순간 온도를 알려주는 알림판의 작동도 멈추었다. 한계 수치인 1,000도를 훌쩍 넘어갔기 때문이다. 이제 훈련장은 바야흐로 혼돈 그 자체였다.

얼마나 지났을까? 외부에서 물대포 소리가 들렸다. 소방관들이 도착한 모양이다. 물대포 소리와 함께 내부의 비명 소리가 점점 사그라졌다. 그때, 출입문이 열리며 교관이 급하게 뛰어들었다.

"괜찮으십니까? 다친 사람은 없나요? 손해배상은 저희가 제대로 해드리겠습니다. 정말 죄송합니다."

교관은 손가락을 접어가며 인원을 확인했다. 그런데 이상한 점이 있었다. 인원 수가 처음보다 현저하게 줄어든 것이다. 그 뿐이 아니었다. 남은 이들의 모습이 분노로 이글거리는 헐크처럼 어마어마했다. 어림짐작으로 보아도 이전의 몇 배에 달하는 크기였다. 게다가 얼굴이 시뻘건 채 서로 부둥켜안고 있었다. 교관은 일이 크게 잘못됐음을 직감했다.

"아니… 어찌된 일입니까? 도대체 무슨 일이 있었던 겁니까? 몇몇 체험자들은 어디로 가버렸죠?"

넋이 나간 이들 중 하나가 힘겹게 입을 열었다. 그러나 흥분이 채 가시지 않았는지 발음이 확실하지 않았다. 게다가 일상에서 자주 접했던 단어도 아닌 것 같았다. 사람들은 아무리 귀를 기울여도 알아듣지 못하는 상황이 되자 이내 호기심을 거두어버렸다.

얼마 뒤, 참혹한 사건 현장은 언제 그랬냐는 듯 깔끔하게 정리되었고, 참가자 중 한 사람이 그토록 애써 언급하고자 했던 '그 단어'를 비롯한 관련 기록은 더는 세간의 주목을 받지 못한 채 서랍 속에 처박히고 말았다.

그로부터 천 년이란 시간이 흘렀다. 천 년 후 비로소 다시 열린 책상 서랍! 그 안에는 '소결(燒結)'이라는 두 글자가 적힌 메모지가 들어 있었다.

사면초가를 넘어 육면초가가 되다

먼저 '소결'이라는 단어의 사전적인 의미를 찾아보자. 소결(燒結, sintering)은 '가루를 어떤 형상으로 압축한 것을 가열하였을 때, 가루가 서로 밀착하여 고결하는 현상'을 이른다. 간단히 말해 입자들을 모아놓은 뒤 가열하면 입자의 표면 상태에 변화가 발생하여 서로 밀착하게 되고 빽빽하게 쌓인다는 뜻이다. 이 단어는 순전히 '겉과 속이 다른' 입자의 특성 덕분에 탄생했다고 봐도 무방하다. 여전히 감을 잡지 못한 독자들을 위해 이 형용사의 중간에 '안정성'이라는 단어를 하나 추가해보자.

겉과 속의 '안정성'이 다른

그렇다. 입자를 이루고 있는 원자들은 외부보다는 내부에서 더욱 큰 안정감을 느낀다고 한다. 이 안정감이란 단어는 주변 원자들에 의해 완벽히 둘러싸여 고립되었을 때 그 위력을 더하는데, 이는 우리가 잘 알고 있는 사자성어 '사면초가(四面楚歌)'를 통해 보다 쉽게 이해할 수 있다.

사실 사면초가는 완벽한 고립을 의미하는 한자 성어가 아니다. 우리가 실제 존재하는 3차원 공간에는 동, 서, 남, 북이라는 네 개의 방위 말고도 '상·하'라는 두 가지 위치가 존재한다. 그러니 '육면초가', 즉 완벽한 안정감을 얻으려면 동서남북은 물론 머리 위와

발밑까지 보호해야 한다. 입자의 내부에 파묻힌 원자는 '육면초가'의 의미를 몸소 체험하고 있었기에 외부 환경으로부터 공격을 받아도 쉽게 동요하지 않았던 것이다.

이번에는 내부가 아닌 외부에 드러나 있는 원자의 모습을 상상해보자. '동, 서, 남, 북, 하'의 다섯 방위는 완벽히 방어하지만, 불행하게도 머리 위는 휑하게 드러난 모습 말이다. 외부에 존재하는 원자들은 언제 머리 위에서 포화가 번쩍일지 모르는 이 상황이 너무도 불안했다. 이 불안감을 해소하기 위해 그들은 서로 '머리를 맞대는 방법'을 고안했다.

수많은 액션 영화에서 호기롭게 적진을 뚫고 들어간 두 명의 주인공이 매번 무슨 공식처럼 서로 등을 맞대고 작전에 임하는 것은 온기를 나누기 위해서가 아니다. 시야각이 120도인 인간은 절대 등 뒤의 상황을 볼 수 없다. 따라서 서로 등을 맞댈 수밖에 없는 것이다. 불완전한 존재가 야생에서 살아남을 수 있는 유일한 방법은 서로의 빈틈을 보완해주는 것뿐이다.

'소결'이라는 코드명을 가진 작전이 펼쳐지는 장소 역시 외부로 훤히 드러난 '겉 표면'이었고, 이는 불가마 속 뜨거운 열기를 피하기 위해 마련된 '생존법'이었다.

이곳에서 입자들은 서로 등을 맞대며 꾸준히 덩치를 키워가고, 이들의 몸은 어느새 자그마한 빈틈마저 가득 채우게 된다. 이 과정에서 내부의 밀도는 무려 90퍼센트 대까지 급증하는데, 그 덕분에 이들이 머물고 있는 방은 이제 개미는커녕 공기조차 비집고 들어

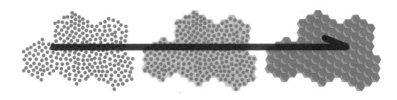

✿ 소결 과정

올 수 없는 지경에 이르게 된다. 오로지 '살들의, 살들에 의한, 살들을 위한' 공간이 되어버린다. 어디선가 살집이 한껏 오른 입자들의 비명소리가 들리는 듯하다.

"이것들아, 좁아 죽겠는데 왜 이렇게 붙는 거야? 좀 떨어져, 떨어지라고! 덥단 말이야!"

살 대 살이 맞닿아 있는 경계면에는 이미 '판데르발스 힘(Van der Waals forces; 분산력)'이라는 인력이 작용하여 '쩍' 하고 달라붙었기에 이들의 짜증 가득한 비명은 좀처럼 사그라지지 않았다. 참으로 안타까운 상황이었다.

> ?! 중성인 두 개의 분자 사이에 작용하는 힘을 말합니다. 특히 멀리까지 미치는 약한 인력 부분을 말하며, 수소나 이산화탄소의 액체화와 고체화 작용에 나타나는 힘입니다. 요하너스 디데릭 판데르발스의 이름에서 유래했습니다.

거슬러 생각해보자. 그들이 한 일이라고는 고작 불안한 마음(불안정성)을 조금이나마 극복해보고자 서로 등을 맞댔던 것이 전부다. 그런데 그 사소한 행동 하나가 이런 어이없는 결과를 낳을 줄이야!

거대한 살덩어리가 되어버린 입자들로 인해 사라져버린 빈틈은 공기마저 밀어내면서 내부 밀도를 최고로 끌어올렸다. 그리고 잘 떨어지지 않게 된 이들은 마침내 '세라믹'이라는 최강의 돌연변이로 다시 태어난 것이다. 내부에서 분열이 일어나지 않는 한, 이제 지구상에서 이들을 떼어놓을 수 있는 존재는 전무했다.

어둠 속의 기다림

"통로가 점점 좁아지고 있다. 임산부와 노약자부터 얼른 밖으로 내보내고 우리도 바로 뒤따라갑시다! 나는 그 전에 지금 우리 목줄을 쥐고 있는 저 살덩이 입자 놈들과 담판을 짓고 오겠소."

아비규환이 따로 없는 대혼란 속에서도 공기 분자들의 리더는 책임감이 넘쳐났다. 그는 입자들의 살집으로 가득 찬 통로를 힘겹게 비집고 나가 간신히 그들과 대면하는 데 성공했다. 공기 분자 리더가 동정 유발 작전에 돌입했다.

"이보시오. 이 뜨거운 가마 속에서 당신들이 살아남기 위해 이렇게 몸집을 키웠다는 사실을 모르는 바 아니오. 그런데 당신들 입장만 생각하지 말고 우리 이야기도 좀 들어보시오. 지금껏 우리가 함께해온 정을 돌이켜보라는 뜻이오. 아이들은 숨이 막힌다며 울고, 걷기조차 힘든 노인들은 자식에게 부담이 될까 싶어 아무 걱정 말고 어서 떠나라고 하십니다. 하지만 자식 된 도리로 어떻게 부모를 버리고 갈 수 있단 말이오? 우리 종족의 존폐가 걸린 심각한 상황이오. 그러니 제발 퇴로만 좀 열어주면 안 되겠소?"

살덩이 입자들은 고개를 돌렸다. 이들에게 공기 분자 족속은 자신의 자리를 차지하려 드는 불청객일 뿐이었다. 아니, 기필코 밀어내야만 하는 쓸모없는 짐짝, 그 이상도 이하도 아니었다.

살덩어리 입자들은 공기 분자의 눈물 어린 호소에도 불구하고 보란 듯 우쭐대며 통로를 좁혀 들어가더니 이내 출입구까지 탁 막아버렸다. 출입구가 사라지기 전 운이 좋게도 탈출에 성공한 공기 분자들은 바깥세상의 친구를 만나 새로운 삶을 시작할 수 있었지만, 주변을 돌보느라 뒤늦게 대열에 합류한 분자들은 안타깝게도 빠져나오지 못했다.

어두컴컴한 동굴 속에 갇혀버린 불쌍한 공기 분자들은 '언젠가 이 수모를 되갚아 주리라'고 다짐했다. 그러고는 비슷한 처지에 놓인 동료들을 끌어 모으기 시작했다. 하지만 이들의 노력이 빛을 발하기에는 동굴의 깊이가 너무도 깊었다.

설상가상으로 시간마저 이들의 손을 들어주지 않았다. 오히려 동굴을 단단한 세라믹으로 탈바꿈시키는 데 힘을 보탰다. 상황은 점점 최악으로 치달았다. 동굴 안에 갇혀 나갈 기회만을 엿보고 있던 공기 분자들에게는 이제 모든 희망이 사라진 듯했다. 기댈 수 있는 방법은 단 하나, 하염없이 기다리는 것뿐이다. 공기 분자들은 자신들을 구해줄 영웅이 나타나기만을 목 놓아 기다리는 수밖에 없었다.

얼마나 시간이 흘렀을까? 퇴화를 코앞에 둔 그들의 귓가에 어디선가 희미한 망치 소리가 들렸다. 그와 함께 누군가의 목소리도 어렴풋이나마 전해졌다.

"조심히 다루거라! 이 벽돌들이 성스러운 불탑을 만들 재료인 것을 진정 모르는 것이냐! 하나라도 부수거나 깨뜨리는 자는 내가 엄히 문책하겠다. 알겠느냐?"

쨍그랑! 빠지직! 공기 분자들이 그토록 기다려온 '영웅'의 탄생을 알리는 순간이었다. 망치의 충격이 울퉁불퉁한 표면에 전해지는 순간, 내부의 공기 분자들은 드디어 바깥세상을 구경할 수 있었고, 이는 온전히 한 곳에 모여 이 순간만을 기다린 그들의 빛나는 인내가 이뤄낸 성과였다.

몇 번의 망치질만으로 억울하게 옥살이하던 죄수들을 벽돌 속에서 풀어준 영웅 앞에는 촉촉하게 물을 머금은 곤장이 가지런히 놓여 있었다. 어느새 절간은 그들의 울먹이는 소리로 가득 찼다.

"나리, 잘못했습니다. 다음부터는 절대 벽돌을 깨뜨리지 않겠습니다!"

오랜 세월 좁은 공간에서 공기 분자들이 보낸 지옥 같은 삶은 언뜻 보기에 강한 세라믹의 유일한 단점인 '깨짐' 때문에 끝이 난 듯 보였지만, 사실 이 해피엔딩을 만들어낸 원인은 공기 분자들의 낙천적이면서도 긍정적인 마인드 덕분이었다. 좁으면 좁은 대로, 불편하면 불편한 대로 '언젠가는 끝나겠지'라며 주변 환경에 맞춰 덩치를 자유자재로 늘이고 줄였던 그들의 융통성은 세라믹의 그것과 정반대였다. '휘어질 바에야 차라리 부서지는 편이 낫다'라며 앞만 보고 달리는 것도 좋지만, 가끔은 여유롭게 주변을 살피는 것도 결코 나쁘지 않은 삶의 방식이 아닐까?

유기물 하나 섞여 있지 않는 벽돌에서도 이렇듯 삶의 지혜를 찾아볼 수 있는데, 하물며 유기물 덩어리인 우리가 그들보다 못하다면 이 무슨 망신인가?

2

울려 퍼지는 유령의 목소리

외로운 소년

"밥 먹어야지. 그만 놀고 얼른 들어와라! 벌써 어두워졌잖니."

커다란 고분을 놀이터 삼아 신나게 눈썰매를 타던 철부지 골목대장이 엄마의 불호령에 쏜살같이 집으로 달려가는 중이다. 아이는 정신없이 뛰어가는 와중에도 자기 부하들에게 당부하는 것을 잊지 않았다.

"너네, 쟤랑 놀면 알지? 놀기만 해봐. 저 '시골놈'이랑 똑같은 신세로 만들어줄 테니까!"

극진히 모시는 대장님을 떠나보낸 동네 아이들. 겉으로 표현하지는 못했지만 그들은 이미 몇 시간 전부터 대장이 집에 가기만을 손꼽아 기다리고 있던 참이었다.

아이들은 서로 눈짓을 주고받으며 키득거렸다. 그러고는 '시골 놈'을 힐끗 쳐다보더니 각자 집을 향해 뿔뿔이 흩어졌다. 경주 읍내로 이제 막 터전을 옮긴 코찔찔이 시골 소년은 멀어져가는 아이들의 뒷모습을 바라보며 씁쓸한 표정을 지었다.

시간이 흘렀다. 어느새 소년의 썰매에 은은한 달빛이 내려앉았다. 다채롭게 제 색을 빛내던 주변 사물들도 흑백의 실루엣 속에 묻혀버렸다. 시골소년은 마지막 활강을 위해 자신의 유일한 벗인 썰매를 끌고 다시금 터덜터덜 고분을 올랐다. 친구의 외로움을 피부로 느꼈는지 썰매는 혼신의 힘을 다해 언덕을 미끄러져 내려갔다. 이렇게 하면 소년의 마음이 조금이나마 좋아지지 않을까 하면서.

그때였다. 어디선가 갑자기 정체 모를 소리가 일면서 얼어붙은 소년의 고막을 사정없이 때렸다. 천지를 진동하는 기습 공격에 어안이 벙벙해진 소년은 두 손으로 귀를 틀어막으며 눈을 질끈 감았다.

잠시 후, 믿을 수 없을 만큼 놀라운 일이 벌어졌다. 외로움으로 가득 차 있던 그의 차갑던 마음이 따뜻함으로 물들어가는 게 아닌가? 소리 하나로 변화가 일어난 것이다. 그 소리는 살아 숨 쉬듯 소년의 호흡 패턴을 따라 요동쳤다. '나는 혼자가 아니었어'라는 안도감이 밀려온 순간 소년의 메마른 눈가에 촉촉이 이슬이 맺혔다.

소년은 소리의 근원지를 찾기로 마음먹었다. 여기 저기 기웃거리며 주변을 탐색하는 중에 검은 실루엣 하나가 눈에 들어왔다.

3~4미터는 족히 되어 보이는 키에 불룩한 몸통, 발 없이 둥둥 떠 있는 모습까지 영락없는 유령의 실루엣이었다.

해괴한 소문이 돌다

"뭐라고요? 어찌 이럴 수 있단 말입니까? 절간은 이미 자갈밭에 매몰되었고, 키가 3~4미터나 되는 범종은 풀 속에 버려진 채 나뒹굴고 있다고요? 애들이 나뭇가지로 두들기며 소리를 내는 것도 모자라 소까지 거기에 자기 뿔을 비벼댄다고 하셨습니까? 뭐 이런 황당한 일이 다 있단 말입니까? 형님 말씀이 모두 사실이라면 이는 그야말로 역대급 사건인 듯합니다. 이 문제를 해결할 사람은 아무래도 경주 부윤인 김담, 선배님뿐인 것 같으니 하루라도 빨리 손을 써 주십시오."

생육신 중 한 명이자, '한시의 제왕' 김시습(1435~1493)은 그의 오랜 학형(學兄)으로부터 '버려진 771년생 범종'에 대한 이야기를 전해 듣고 깜짝 놀랐다. 구리 12만 근을 녹여 정성스레 만들 때는 언제고, 700년 동안 방치해두다니. 도저히 이해가 안 되는 상황이었다.

이후 '영묘사'라는 새로운 보금자리로 이사하여 안정적인 삶을 살게 된 범종이지만, 행복한 나날은 그리 오래가지 않았다. 절간이 폐허가 되면서 다시금 버려졌고, 불과 40여 년 뒤에는 경주 읍성의 남문 밖으로 쫓겨나 알람 기능이나 수행하는 자명종 신세로 전락했으며, 400년 뒤에는 사람들의 손에 억지로 이끌린 채 박물관에 안치되고 말았다.

말도 많고 탈도 많았던 범종. 그 정식 이름은 '성덕대왕신종'이다. 우리에게는 '에밀레종'이라는 별명으로 더 친숙한 '봉덕사종(made in 봉덕사)'이다. 종소리가 매우 독특한 음색이라 하여 전 세계의 이목을 집중시켰던 이 유물은 한때 종을 제작할 당시 완벽성을 기하기 위해 어린아이를 산 채로 집어넣었다는 괴기스럽고 엽기적인 소문의 주인공이기도 했다.

아무리 악플이 무플보다 낫고, 애정 어린 악플이라는 앞뒤가 전혀 맞지 않는 표현이 득실거리는 시대이지만 이 이야기는 정말 해도 해도 너무하다. 사람의 뼈 속에 포함된 인(phosphorus) 성분으로 구리 안에 포함된 불순물들을 걸러내겠다는 의도였던 것일까? 정확한 이론적인 근거들도 없는 상태에서 단순한 가설에 의지해 이 같이 극악무도한 일을 벌였단 말인가?

신라의 과학기술이 현대 과학을 능가했다는 사실을 부정하는 것은 아니다. 그러나 당시 검증이 제대로 안 된 상황에서 이렇듯 살 떨리는 모험을 감행했으리라고는 상상하기 어렵다. 성덕대왕신종이 만들어진 시기와 비슷한 때(725년)에 제작된 신라의 또 다른 범종인 상원사종 내부에는 청동의 주성분인 구리(Cu, 83.87퍼센트)와 주석(Sn, 13.26퍼센트) 외에도, 납(Pb, 2.12퍼센트)과 아연(Zn, 0.32퍼센트), 심지어는 금(Au, 0.04퍼센트)과 은(Ag)이 사이좋게 공생하고 있다고 한다. 이 사실은 무엇을 의미할까? 인(P)의 존재 여부까지는 모르겠지만, 설령 그것을 집어넣었다 해도 불순물이 완벽히 제거되지 않았을 거라는 사실이다. 즉 인을 첨가한 목적 자체에 이미 균열이 가기 시작했다는 뜻이다.

무슨 효과가 있는지 확실히 모르는 상황에서 '뭐가 됐든 좋은 방향으로 흘러가겠지'라는 막연한 기대감 때문에 아무거나 집어넣는다니, 이 무슨 해괴한 실험법인가? 우리 조상들이 그리 어수룩했을 리 없다.

사람의 뼈가 들어갔다, 들어가지 않았다는 논쟁이 한창이던 1998년, 결정적인 한 방은 포항의 어느 연구소에서 터져나왔다. 포항산업과학연구원(RIST)에서 범종 안에 있는 원소들을 직접 확인해본 것이다. 위치별로 뽑아낸 12개의 샘플이 자신의 몸 안에 인 성분이 들어 있는지 아닌지 밝혀내기 위해 줄지어 검출기 안으로 불려 들어갔다. 그리고 모니터에는 여러 개의 피크(peak)들이 동시에 나타났다. 평평한 바닥에 나무들이 우뚝 솟아 있는 형상이라고나 할까?

"이곳은 은행나무가 자라는 곳이고, 저곳은 단풍나무가 자라는 곳이며, 또 저 건너편에는 소나무가 자라는 곳이라고 했겠다? 그런데 이들 중에서 나무의 형태를 찾아볼 수 있는 건 길 건너편이 유일하니, 저 나무는 분명 소나무겠구나! 영양분을 많이 먹어서 그런지 키도 훤칠하네."

피크가 검출되는 위치와 그 세기는 원소의 종류 및 함유량을 나타내는 지표였기에 인(P)이 포함되어 있는지, 만약 포함되어 있다면 얼마큼 들어 있는지까지 손쉽게 알아낼 수 있었다.

잠시 후 측정 결과가 나왔다. 결론은 '미포함'이었다. 눈곱만큼도 인 성분이 검출되지 않았다. 지금까지 나돌던 엽기적인 소문은 과학적인 분석 끝에 근거 없는 '뻥'임이 밝혀졌다. 적어도 당시의 결과만으로는 그렇게 보였다.

엄마를 찾는 벨(bell)

범종을 제작하던 8세기 후반, 통일신라는 살생을 금지한다는 불교 정신 아래 대동단결한 상태였다. 단순하게, 그리고 상식적으로만 생각해도 여러 설화가 이야기하는 것처럼 종교에 눈 먼 어미가 자신의 아이를 공양하는 것은 불가능했다. 물론 고대 국가에서는 중요한 행사에 종종 사람을 제물로 바치기도 했다.

그러나 이 설화가 정식으로 대중 앞에 모습을 드러낸 시점은 범종이 태어나던 남북국시대도 아니요, 그렇다고 고려시대나 조선시대 초 · 중반이 아닌 일제에 의해 국권이 침탈되기 수년 전이었다. 물론 훨씬 이전부터 구전되어 내려오던 것이 그제야 글로 적혔을 가능성도 분명 존재한다. 그런데 있는지 없는지 모를 그럴 가능성까지 하나하나 따져보기란 사실상 불가능에 가까우니, 우리는 객관적인 기록에 의지해보도록 하자.

기록의 발원지는 바로 조선 땅에 잠시 발을 붙이고 살았던 외국 선교사들(호레이스 알렌, 호머 헐버트 박사)의 입이었다. 단적인 예로 1906년 헐버트(Homer Hulbert, 1863~1949)라는 이름의 선교사가 당시 주한 외국인들에게 한국을 소개하기 위해 집필한『대한제국 멸망사(The Passing of Korea)』에는 다음과 같은 표현이 나온다.

> '엄마(Emmi), 엄마 때문에(Emmille)'라는 소리를 내는 종이 서울 한복판에 걸려 있다._『대한제국 멸망사』(1906)

'에미'라는 소리를 내는 종이란 독자들의 짐작처럼 '에밀레종'을 의미하는 것일 터다. 그런데 이 에밀레종이 경주가 아닌 서울에 걸려 있다니? 우리가 알고 있는 에밀레종(성덕대왕신종)은 단 한순간도 경주 땅을 떠나본 적이 없는 경주 토박이인데 말이다. 그런 토박이가 서울에서 발견됐다니, 이 무슨 해괴한 소리일까? 이 말을 거짓이 아니라는 전제 아래 해석해보자. 세 가지 해석이 가능하다.

첫째, 선교사가 꿈을 꾼 것이다.
둘째, 에밀레종이 두 개다.
셋째, 에밀레종이 원래 성덕대왕 신종의 별명이 아니다.

학자들은 대개 세 번째 해석에 무게를 싣는다. 에밀레종에 얽힌 설화가 일제강점기를 기점으로 서울의 보신각종에서 경주의 성덕대왕신종에게로 넘어갔다는 설명이다. 다시 말해 성덕대왕신종이 '에밀레~ 에밀레~' 하고 운다는 설화는 따르던 주인을 바꾸었다는 뜻이다.

이 설화의 비밀을 좀 더 추적해보자. 범종 제작을 위한 어린아이 공양. 과연 우리 조상들은 실제로 이런 일을 벌였을까? 의심스러운 정황이 한두 개가 아니다. 정확하게 '맞다/아니다'를 논하는 것은 이 책의 목적과 동떨어진 것이므로 의심 투척은 이쯤에서 접어두고, 우리 이야기의 본연으로 돌아가보자. 우리는 성덕대왕신종이 '에밀레종'이라는 별명을 얻게 된 역사적인 이유보다 그 종이 그토록 아름다운 소리를 내게 된 과학적인 배경이 더 궁금하다.

이 종은 어찌하여 사람의 숨소리를 닮은 울음소리가 나는 것일까? 어떠한 과학적 원리가 들어 있기에 그리도 애타게 '어미'를 찾는 것일까?

대망의 종소리 경연대회

과학기술이 비약적으로 발전하기 시작한 20세기 후반, 일본의 한 방송국에서는 이제껏 진행된 바 없는 아주 특이한 이벤트를 마련했다. 몇 해 전부터 대한민국을 뜨겁게 달구고 있는 다양한 '경연 프로그램' 비슷한 것이었는데, 이 대회에 참가한 출연자들은 놀랍게도 사람이 아니었다.

"안녕하십니까? 현재 제가 있는 이곳은 종소리 경연대회가 한

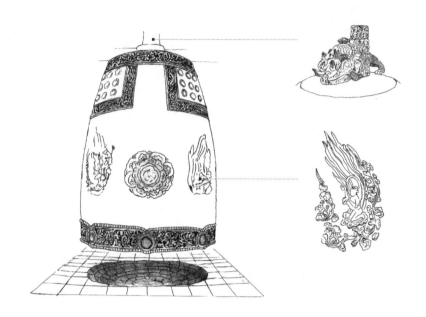

창인 NHK 방송국입니다. 전 세계에서 난다 긴다 하는 종들이 모
조리 출전했을 만큼 대대적인 대회인데요. 방송국 여건상 선수들
을 직접 모시지는 못했고, 그들의 음색을 녹음한 테이프로 경연을
진행하겠습니다. 아, 말씀드리는 순간 대한민국 대표가 입장했는
데요, 이 선수로 말씀드릴 것 같으면 8세기에 태어난 올드한 범종
으로서 덩치가 매우 거대합니다. 들리는 바에 따르면 숨소리와 유
사한 패턴의 음색을 들려주어 심금을 울린다고 합니다. 과연 이 선
수의 기량은 어느 정도일까요? 네, 벌써부터 방청객들의 웅성거리
는 소리가 장내에 퍼지고 있습니다. 시청자 여러분께서도 자신이
응원하는 선수가 과연 몇 등을 하게 될지 두 눈 크게 뜨고 지켜봐

주시기 바랍니다. 채널 고정!"

아나운서의 멘트가 끝나자마자 각국의 대표 선수들이 하나둘 모습을 드러내며 자신의 음색을 뽐내기 시작했다. 신라 범종의 응원단은 경연이 진행되는 내내 두 손 모아 간절히 기도하면서 조상들의 놀라운 기술력이 널리 알려지기를 바랐다.

드디어 모든 출연자들의 퍼포먼스가 끝났다. 결과 발표를 앞둔 가슴 떨리는 순간이었다. 60초간 얄미운 광고 영상이 지난 뒤 이윽고 우승자가 발표됐다. 태곳적부터 내려온 눈물 어린 바람이 심사위원들의 마음을 촉촉하게 적신 걸까? 영광스런 첫 대회의 우승자는 바로 신라 대표로 출전한 '성덕대왕신종'이었다.

다른 선수들과 압도적인 표차를 보이며 당당히 세계 제1의 종소리라는 타이틀을 거머쥔 신라의 범종! 일본인 심사위원장은 그가 우승할 수밖에 없었던 이유가 '맥놀이 현상'에 있었다며 씁쓸한 축하 인사를 건넨 후 황급히 자리를 떴다.

이름마저 생소한 '맥놀이 현상'과 마음을 움직이는 '음 세부 튜닝 능력'은 과거 신라인들의 놀라운 과학 기술력을 보여주는 단적인 예였다. 여러 파장의 음파들이 서로 몸을 뒤섞어 독특한 하나의 음색으로 재탄생한다는 의미의 '맥놀이 현상'도 모자라 불필요한 잡음

?! 진동수가 거의 같은 두 소리가 중첩된 결과, 규칙적으로 소리의 크기가 커졌다 작아졌다 하는 일이 반복되는 현상을 이릅니다. 이는 진동수 차이로 인해 시간에 따라 두 소리 파동 사이의 위상 차이에 변화가 생겨서 시간이 지남에 따라 두 파동이 보강 간섭과 상쇄 간섭을 반복하기 때문에 발생하는 것입니다.

은 따로 빼내고 필요한 것들을 '극대화시키기(튜닝)'까지 하니 어찌 다른 종들이 그 앞에서 무릎을 꿇지 않을 수 있었으랴. 범종은 과연 센스 있는 머리와 감 좋은 손이 만들어낸 절세(絕世)의 명작이었다.

완벽한 황금비율을 찾아라

'황금비율'이란 사람이 볼 때 가장 편안하고 아름답게 느껴지는 각 요소 간의 조화와 대칭 비율을 뜻한다. 하루 24시간, 일 년 365일이 짧다 하고 아름다움을 추구해온 인류의 심미안(審美眼)을 반영한 단어이기도 하다. 따라서 이런 저런 이론들을 조합하여 계산한 결과치와 근접한 비율을 가지고 있다면 그것이 설령 한 입 베어 물고 버린 사과라 할지라도 사람들은 열광한다.

몇 해 전, IT업계의 공룡인 애플의 '사과 로고'를 디자인한 롭 제노프(Rob Janoff)의 인터뷰가 세상을 떠들썩하게 했다. 어느 날 받은 이메일 한 통에 관한 이야기였다.

이메일의 송신자는 이론적인 수학 계산에 능통했던 사람이었다. 그는 자신의 메일에 로고 디자인의 황금비율에 대해 언급했고, 그 로고가 자신의 계산치와 절묘하게 딱 맞아 떨어진다는 말을 남겼다. 그는 디자이너가 가진 수학적 지식에 박수를 보내면서 "어떻게 이런 디자인을 할 수 있었는가?" 하고 물었다.

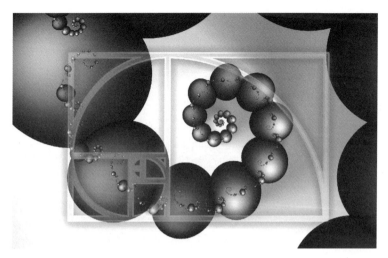

✽ 황금비율을 찾아라

롭 제노프는 인터뷰에서 당시 상황을 회상하며 싱긋 웃었다. 그가 보낸 대답은 다음과 같았다고 한다.

"뭐, 황금비율? 그게 뭔데? 내가 디자이너지, 수학자냐? 나는 수학 같은 거 좋아하지도 않고, 할 줄도 몰라."

그는 단지 몸이 움직이는 대로, 그리고 손이 가는 대로 수백 수천 번 그리고 또 그려나갔을 뿐, 치밀한 계획이나 계산을 가지고 디자인한 것은 아니었다. 하지만 그는 자신의 작품을 날카로운 매의 눈으로 바라보며 객관적으로 평가하는 것을 결코 잊지 않았다. 그의 로고 디자인은 철저하게 계산된 작업 끝에 탄생하지는 않았다. 그러나 자기 자신에게 가장 엄격했던 '장인'의 손끝에서 나온 것만은 틀림없다.

신라의 범종 디자이너 역시 애플의 로고 디자이너 못지않은 '수포자'였을지도 모른다. 만약 그가 수학에 정통한 전문가였다면 범종의 내부 표면을 그처럼 울퉁불퉁하게 만들지는 않았을 테니 말이다. 철저한 계산에 입각하여 한 치의 어긋남도 없이 누가 봐도 반듯하게, 또 누가 만져도 반질반질하게 디자인하지 않았을까?

범종을 디자인한 그는 단지 '불필요한 것은 확실하게 빼내고, 필요한 요소만 더하자'라는 기본적인 신념에 충실했을 뿐이다. '음파의 간섭(干涉, interference) 현상' 따위는 그에게 먼 이야기였다. 아마 그런 이론이 있는지조차 몰랐을 것이다.

> **⁉️** 물리학에서 파동이 위상을 지니기 때문에 발생하는 진폭의 공간적인 보강과 상쇄 현상을 말합니다. 일반적으로 두 개 이상의 파가 동시에 한 점에 도달했을 때 그 점에서 이들의 파가 강하게 합쳐지거나 약하게 합쳐지는 현상을 파의 간섭이라 합니다.

다만 '쓸데없는 소리를 쏙 빼내고, 필요한 소리만 극대화하려면 어떡해야 하나?'라는 생각에 골몰한 채 밤을 지새웠을 것이다. 그런 날들이 흐르고 흘러 34년 뒤, 수없이 많은 시행착오 끝에 '소리 장인'이자 '감각 있는 디자이너'의 '피땀 어린 센스'가 녹아든 '범종의 지존'이 탄생한 것이다.

피와 땀이 만든 감각

우리가 듣는 소리는 사실 다양한 주파수를 갖는 음파들의 집합체다. 같은 시간 동안 빠르게 진동하는 음파는 '(상대적으로) 주파수가 높다', 느리게 진동하는 음파는 '(상대적으로) 주파수가 낮다'고 표현한다. 라디오가 받아들이는 AM과 FM이라는 신호는 이러한 주파수의 높고 낮음을 구분하여 우리에게 다양한 채널들을 선사한다.

'주파수'는 횟수라는 뜻의 영어 단어인 'frequency'를 수준 높아 보이는 한자어로 변환한 것에 지나지 않는다. 그런데도 우리는 주파수라는 단어가 주는 껄끄럽고 부담스러운 느낌을 여전히 지우지 못한다. 이때 만약 '횟수'를 이야기하는 것이 아니라 우리에게 친숙한 '시간'을 사용해서 변환해본다면 어떨까? 변환 방법 또한 아주 단순하다. 주파수를 거꾸로 뒤집어보는 것이다. 이렇게 말이다.

1/주파수(Hz)=시간(초)

이렇게 하면 '1초에 몇 번 진동했는가?'라는 부담스러운 질문이 '한 번 왔다 갔다 하는 데 몇 초 걸렸어?'라는 친숙한 질문으로 바뀌어 우리 머릿속에서 바로 답을 이끌어낸다.

'성덕대왕신종'의 음향에 귀를 기울였던 수많은 과학자들은 두 영역 대의 주파수를 이야기한다. 168~169Hz의 메인 영역과 64Hz의 보조 영역이다. 또한 메인 영역인 168~169Hz는 또 다시 두 가지 음파인 168.52Hz와 168.63Hz로 나뉜다고 한다. 그들은 이 숫자의 나열을 보면서 '마치 어린아이의 숨소리가 섞인 울음소리

✤ 이동 중인 성덕대왕신종

같다'는 결론을 낸 뒤 자기들끼리 서로 대단하다며 박수까지 쳤다. 이를 과학자들만의 축제가 아닌 우리 모두의 축제로 바꾸려면 어떻게 해야 할까? 위에서 이야기한 것처럼 횟수를 '시간 단위'로 변환해야 한다.

우선 메인 음파들부터 손을 보자. 168.52Hz와 168.63Hz 두 음파의 주파수 차이는 단 0.11Hz이다. 이를 뒤집어 시간 단위로 바꾸면 다음과 같다.

1/0.11Hz=9.1초

이 두 음파는 9.1초가 지난 뒤 다시 만난다는 의미다. 물론 음파의 이동거리 자체는 다르지만 음파란 위/아래 진동이 반복되는 여러 사이클의 합이 아니던가? 빙글빙글 돌고 도는 시계 바늘을 떠올려보자.

작은 바늘은 한 바퀴 도는 데 12시간이 걸리는 반면, 긴 바늘은 한 바퀴 도는데 단 1시간밖에 걸리지 않는다. 이들이 원점에서 다시 만나는 데까지 필요한 시간은 12시간이다. 마찬가지로 범종의 두 가지 메인 음파가 다시 원점에서 만나는 데 걸리는 시간은 9.1초다! 즉 '9.1초'를 주기로 어떤 일이 벌어지고 있는 게 분명하다.

다음으로 64Hz의 보조 음파를 살펴보자. 말 그대로 메인을 뒷받침해주는 보조 음파다. 이 보조 음파는 9.1초 주기로 무슨 일을 꾸미고 있는 메인 음파들을 만날 때마다 어루만져주기 바쁘다. 이 같은 보조 음파의 '터치'는 $1/(168-64)$Hz(=대략 0.01초)마다 이뤄지는데 이는 순전히 메인 음파들과 어떻게 만나는지에 따라 달라진다. 같은 방향을 보고 만나면 살짝 밀어 더욱 빨리 달리게 도와주고, 반대 방향을 보고 있을 때 만나면 그들의 바짓가랑이를 붙잡아 속력을 늦춘다.

이를 음향 측정기로 확인해보면, 웅웅거리는 패턴은 9.1초를 한 주기로 나타나고, 이 주기는 또 다시 2.9초마다 들쑥날쑥 하는 새로운 패턴으로 나뉜다. 그런데 2.9초의 미세한 주기는 놀랍게도 일반인의 호흡 횟수(12~20회/1분=1회/3~5초)와 유사한 수치를 보였으며, 평상시보다 호흡이 빨리 이루어지는 우는 상황에서의 호흡 패턴과 매우 흡사했다. 따라서 한 번의 날숨으로 '으앙~' 하고,

9.1초를 진행하는 와중에 2.9초마다 '껵껵'거리듯 호흡하는 어린아이의 울음소리처럼 들렸던 것이다. 이렇게 해서 오래전부터 내려온 말도 안 되는 소문은 결국 음파들 간의 간섭, 즉 '맥놀이 현상'이 만들어낸 신기루였음이 밝혀졌다.

더욱이 이 어린아이의 울음소리는 범종 머리 위에 있는 '상투'와 바닥의 '웅덩이'를 만나 더욱 생동감 있게 튜닝되었다. 상투는 쓸데없는 잡음만 쏙쏙 뽑아 밖으로 내버리는 소리 필터의 역할을 했고, 웅덩이는 소라껍데기에서 들리는 파도 소리처럼 오랫동안 긴 여운을 남기는 '공명(共鳴, resonance) 현상'을 더해주었다. 나아가 자신의 몸속에 단 하나의 미세한 공기 방울도 허락하지 않았던 꼼꼼한 청동 주물은 '순수한 고체 내에서 음파의 전달이 가장 효율적으로 이루어진다'는 기본적인 과학 원리를 몸소 보여주었다.

> ⁇ 숟가락으로 한 움큼 퍼낸 아이스크림과 같은 모습이자 동그란 무덤을 거꾸로 엎어놓은 듯한 형상입니다. 움푹 팬 모습으로 인해 아래로 떨어지는 음파가 다시 튀어 올라 종의 내부로 들어가게 되고 이는 고스란히 종들의 메인 음파를 섞어주는 효과를 냅니다. 애초에 존재했던 바닥의 웅덩이는 현재 존재하지 않습니다. 소리를 내려는 목적 자체가 사라져 굳이 땅을 파낼 필요까지는 없다고 판단한 것으로 추측됩니다.

> ⁇ 특정 진동수(주파수)에서 큰 진폭으로 진동하는 현상을 말합니다. 이때의 특정 진동수를 공명 진동수라고 하며, 공명 진동수에서는 작은 힘의 작용에도 큰 진폭 및 에너지를 전달할 수 있습니다.

이렇듯 신라의 장인은 수학과 과학을 포기한 자였지만, 온전히 자신의 피와 땀에 의지하여 자그마치 1,200년 뒤 과학계를 뒤흔들만한 명작을 만들어낸 것이다. 그리고 이제 '성덕대왕신종'을 만나러 전 세계 관광객들이 대한민국 경주를 방문하고 있다.

✠ 성덕대왕신종(국보 제29호)

덧셈, 뺄셈만 알면 세상 사는 데 전혀 문제없다고 위안 삼으며 귀에 이어폰을 꽂고 있는 여러분, 어려운 이론은 듣기 싫다며 과학 교과서 표지를 연습장 삼아 그림을 그리는 여러분. 굳이 싫은 걸 억지로 할 필요는 없다. 지금 하고 있는 일에 집중하다 보면 수학자들의 계산법과 과학자들의 과학이론을 능가하는 놀라운 스킬을 터득할지도 모르니까!

4장

고려

시대

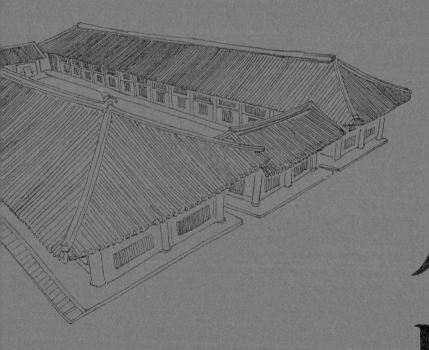

1

수증기 군단을 물리쳐라

바람아 불어다오

"야, 야! 두 시 방향에서 적들이 떼로 몰려온다! 너네 거기 그렇게 서 있지 말고 빨리 와서 나 좀 도와줘! 아… 게임도 잘 안 풀리는데 여기는 왜 또 이렇게 더운 거야. 아저씨, 에어컨 좀 빵빵하게 틀어 줘요!"

가만히 있어도 땀이 줄줄 흘러내리는 한여름. 시원한 곳을 찾아 헤매던 여러분은 PC방에 자리 잡고 앉아 자칭 '죽돌이'가 되기를 자처했지만 그곳 역시 수십 대의 컴퓨터가 뿜어대는 열기 때문에 무덥기는 마찬가지다. 제아무리 희망온도 18℃로 세팅된 에어컨들이 찬바람을 뿜어대도 일정 수준 이하로는 실내온도가 떨어지지 않을 것 같다. 마음이 상한 여러분은 천 원짜리 몇 장을 테이블에 쾅 얹어놓고 뒤쪽 출입문으로 향한다. 출입문 손잡이가 끼익 소리를 내며 돌아가던 순간, PC방 주인의 혼잣말이 당신의 뒤통수를 사정없이 휘갈겼다.

"실내 적정온도가 26℃인 건 알고 저러나? 그나마 여긴 개인 사업장이니 망정이지 공공기관은 적정온도가 28℃라고. 젊은 사람이 에너지 절약에 동참하지는 못할망정 심통을 부리다니, 말세야 말세. 그것도 산업통상자원부가 고시한 '에너지 이용 합리화법 시행규칙'을 준수하는 모범업소에 와서 말이야."

에너지 절약이라는 든든한 지원군을 둔 PC방 주인은 여러분의 불쾌지수를 이전보다 한 등급 업그레이드하고 말았다.

지금으로부터 60년 전 미국의 기후학자 톰(E. C. Thom)은 하루하루 달라지는 불쾌감의 정도를 객관화하기 위해 '등급'을 매겼다. 그는 일사량과 풍향, 풍속처럼 그때그때 바뀌는 골치 아픈 요소들을 배제하기 위해 먼저 '바람이 불지 않고, 햇볕이 내리쬐지 않는 실내'라는 전제조건을 내걸고, 온도(temperature)와 습도(humidity)만으로 만든 계산식을 선보였다.

불쾌지수 = 0.72 × (건구온도 + 습구온도) + 40.6

잠깐! 그런데 '**건구온도**(乾球溫度)'는 무엇이고 '**습구온도**(濕球溫度)'는 또 무엇일까? 불쾌지수에 대해 알아본다고 설치다가 오히려 불쾌감만 더해질 지경이다. 누군가 우리 마음을 진정시켜주지 않는다면 제 주인의 건강을 걱정하는 우리의 두 손은 빛의 속도로 책을 덮어버릴 것 같다.

그러나 다행스럽게도 에나 지금이나 과학자들은 일반인의 이해를 돕기 위해 매순간 노력하는 매우 친절한 집단이다. 그들은 여러분이 행여나 책장을 탁 덮고 게임기로 달려갈까 봐 위 내용을 다음과 같은 수식으로 변경하여 기상청에 보급했다.

공기에 직접적으로 노출시킨 건구 온도계로 잰 온도입니다. 이렇게 잰 온도는 현재 기온과 같습니다. 습구온도와 대응되는 개념입니다.

온도계의 끝을 거즈(gauze)로 싸고 거즈의 끝을 물에 담가 공기류 중에 놓아두면 젖은 거즈로부터 수증기가 증발하면서 숨은 열을 온도계로부터 뺏어가기 때문에 온도계의 온도는 공기 온도보다 낮아집니다. 열이 공기로부터 온도계로 이동하는 것입니다. 이 두 방향으로의 열 이동은 시간이 지나면 평형 상태에 도달하는데요. 젖은 거즈로 둘러싼 온도계가 가리키는 온도라 하여 습구온도라 합니다. 보통의 건구 온도계로 측정한 온도보다 낮습니다.

불쾌지수(=온습도지수) = $1.8 \times$ (실내온도) $- 0.55 \times$ (1-상대습도) $\times$ ($1.8 \times$ 실내온도 $- 26$) $+ 32$

이후 수십 년이 지난 지금, 실내에서만 쓸모 있는 이 계산식의 맹점을 극복하기 위해 풍속과 일사량 조건을 포함한 새로운 계산식이 등장했다. 이는 어느 정도 환경의 변화가 덜한 야외에서도 적용이 가능한 것으로 알려져 있다. 그런데 이들은 왜 '실내온도'와 '상대습도(相對濕度)'를 한꺼번에 고려한 것일까? 실내온도만으로

146

는 얼마나 더운지 판단이 불가능하
다는 뜻일까?

답은 "No!"이다. '더움'의 정도
는 얼마든지 판단 가능하기 때문이
다. 단, 기분 나쁨의 정도를 판단하
는 데엔 이 두 가지 요소가 모두 필

공기 중에 포함되어 있는
수증기의 양 또는 비율을
나타내는 단위입니다. 특정한 온
도의 대기 중에 포함되어 있는 수
증기의 양(중량 절대습도)을 그 온
도의 포화 수증기량(중량 절대습
도)으로 나눈 값입니다.

요하다. 덥기만 하다고 기분이 나쁜 것은 아니다. 너무나 뜨겁다고
해서 불쾌함을 느끼는 것도 아니다. 문제는 눅눅함과 꿉꿉함이다.
우리나라 여름철에 팬스레 시비가 많이 일어나는 것도 실은 눅눅
함과 꿉꿉함 때문이다.

짜증을 몰고 다니는 후텁지근한 기운

"우리나라 계절의 특징이 뭔지 알아? 여름은 고온다습, 겨울은 한
랭건조하다는 거야. 잘 기억해둬."

선생님의 잔소리가 아직도 귓가를 울리는 것 같다. 기후를 공
부하는 과학시간에 이보다 더 많이 들었던 말이 또 있을까? 이를
우리 식의 표현으로 살짝 바꿔보면 다음과 같다.

"우리나라 계절의 특징은 여름엔 불쾌지수가 높고, 겨울엔 낮
다는 거야. 잘 기억해둬."

이제야 비로소 상황이 이해된다. 뇌리에 팍 꽂힌다. 이렇듯 우

147

리는 이미 예전부터 온도와 습도를 한꺼번에 이야기하는 데 익숙해져 있다. 그런데 왜 이러한 경향이 나타나는지 생각해본 적이 있을까?

우리나라 기후를 이야기할 때 온도와 습도가 항상 붙어다니며 행세하는 이유는 공기의 성분 즉, '조성의 비율 변화' 때문이다. 지구의 대기층을 이루는 공기는 78퍼센트를 질소(N_2)가 차지하고, 21퍼센트를 산소(O_2)가 차지한다. 그리고 나머지 1퍼센트를 이산화탄소(CO_2)와 아르곤(Ar) 등이 나누어 가진다. 물론 이 사실도 우리나라 기후 특징에 대한 설명처럼 귀에 딱지가 앉을 만큼 지겹게 들어왔을 것이다. 그런데 바로 이 대목에서 우리가 간과하고 있는 부분이 있다. 바로 '수증기의 행방'에 대한 것이다.

우리의 기분을 좌우하던 그 많은 양의 습기는 도대체 어디로 가버린 것일까? 우리가 끼고 다니는 교과서는 어찌하여 그토록 중요한 수증기 이야기만 쏙 빼놓은 걸까? 매 시간, 그리고 계절마다 천국과 지옥을 오고 가게 만드는 수증기의 변덕을 언급하기엔 교과서의 공간이 너무 작았던 것일까?

마른 공기는 주변의 온도에 맞춰 그때그때 자신의 수분 섭취량을 변화시킨다. 날이 더울 때는 눈치 없이 남의 물까지 벌컥벌컥 들이켜지만, 날이 추울 때면 조금만 마셔도 고개를 절레절레 내젓는다. 땡볕이 내리쬐는 한여름(영상 35℃ 가정)과 칼바람이 휘몰아치는 한겨울(영하 5℃ 가정)을 비교할 때 그 섭취량이 무려 10배의 차이를 보일 정도다. 촉촉하던 물광 피부가 단 6개월 만에 푸석해졌던 지난겨울의 경험만 되돌아봐도 충분히 이해할 만하다.

이제 슬슬 대한민국의 여름을 책임진다는 남동쪽 '북태평양 기단'의 정체가 궁금해진다. 한여름 저녁 뉴스의 말미를 장식하는 '오늘의 날씨' 주인공의 정체 말이다. 한마디로 북태평양 기단은 불쾌감 바이러스를 퍼뜨리기 위해 파견된 대규모 '수증기 군대'다. 그리고 이들을 이끄는 대장은 바로 '마른 공기 덩어리'였다.

수증기 군단의 진정한 능력

"여보게. 저기 담벼락 옆에 대문짝만 하게 붙어 있는 포스터 보았는가? 곧 대규모 전쟁이 벌어질 거라는데 나라에서 그때 참전할 용사들을 모집한다는데?"

이곳은 나노 크기의 분자들로 이루어진 '마이크로스코픽 월드(microscopic world)'다. 곳곳에 붙어 있는 'I WANT YOU'라는 제목의 병력 채용 포스터가 수많은 재료들의 애국심에 불을 붙였다. 그들은 서로 앞다투어 면접장으로 향했고, 하나둘 목적지에 도착한 이들은 다급히 안으로 들어갔다.

"어서 오시오. 여러분의 표정을 보니 우리의 미래가 밝을 것이라 확신이 섭니다. 우리는 분명 이번 전쟁에서 승리할 것이오. 지금 저들의 용병만 막아낼 수 있다면 말이오."

면접관으로 보이는 이들은 각각 가슴에 '질소', '산소'라 적힌

명찰을 달고 있었다. 그들은 하늘에 떠 있는 태양을 가리키며 말을
이어나갔다.

"한반도에 살고 있는 인간들이 지금 저 뜨거운 태양을 용병 삼
아 감히 우리에게 맞서려 합니다. 우리에게는 저 용병의 힘을 제어
해줄 용사들이 필요합니다. 이 면접은 그들을 찾기 위한 것이니, 자
신이 적임자라고 생각하는 분들은 앞으로 나와 자신의 능력을 마
음껏 펼쳐주시기 바랍니다."

애국심 하나만을 장착한 채 면접장으로 뛰어든 재료들은 잠시
머뭇거렸다. 아무리 생각해도 자신은 그런 거창한 목적에 적합한
인물이 아닌 것 같았다.

그때, 웅성거리는 재료들을 밀어내며 누군가 앞으로 걸어나왔
다. 두 손에 'H'라 적힌 장갑을 한 짝씩 끼고 있었고, 목에는 'O'라
적힌 목걸이를 걸고 있었다. 그는 두 팔을 머리 위로 넓게 벌린 채
큰 소리로 외쳤다.

"내가 바로 당신들이 찾는 '그 사람(the one)'인 것 같소. 아, 능
력을 뽐내보라고 했지? 나는 당신들이 두려워하는 저 용병, 뜨거운
태양이 뿜어내는 '열기'를 흡수할 수 있소. 혹시라도 내가 어찌될
까 신경 쓰거나 걱정할 필요는 없습니다. 내 몸은 내가 알아서 관리
하니 죄책감 같은 건 갖지 마시오."

면접관들은 누가 먼저랄 것도 없이 의자를 박차고 나와 지원자의
두 손을 꼭 잡았다. 그들이 원하는 인재상이 바로 '많은 열량을 흡
수해도 끄떡없는 물질', 이름하여 '맷집 좋은 대타'였기 때문이다.

뜨거운 태양을 만나면 공기 군단의 열기는 하염없이 올라갔으며, 뜨겁게 달궈진 공기들은 이내 가벼워져 하늘 높이 날아가기 일쑤였다. 병력이 뿔뿔이 흩어지는 것을 막기 위해서는 그들을 대신해 자신의 한 목숨을 기꺼이 내어줄 수 있는 대리인이 필요했다. 더욱이 그가 맷집까지 좋다면? 무조건 대환영이다. 당연히 두 팔 벌려 그를 맞이할 수밖에!

그런 그들의 앞에 적임자가 제 발로 찾아온 것이다. 흥분도 잠시, 늠름한 외모의 맷집 좋은 대타가 품속에서 '상장'처럼 보이는 서류를 하나 꺼내 들었다. 거기엔 다음과 같은 수치들이 빼곡히 적혀 있었다.

고체	액체
알루미늄 0.21	알코올 0.58
철 0.11	아세톤 0.51
구리 0.09	수은 0.03
은 0.06	석유 0.47
금 0.03	물 1.00 (단연코 내가 넘버원!)
납 0.03	
나무 0.41	
유리 0.2	
실리콘 0.17	
돌(화강암) 0.21	

✱ 열 흡수능력(비열(比熱, specific heat) kcal/kg ℃) 비교

이후 맷집 좋은 대타, 아니 '물'은 기체 분자들 틈바구니에서 뜨거운 태양의 열기를 모조리 받아내는 데 성공했으며, 한반도의

✤ 합천 해인사

인간들은 제대로 공격 한 번 시도하지 못한 채 기체들이 뿌려놓은 불쾌감 바이러스에 감염되어 약 두 달 동안 자멸의 길을 걷는 신세가 되었다. 가야산 중턱의 한 절간에 숨어 있던 몇몇을 제외하고는 실제 전멸한 것이나 다름없었다.

?! 단위 질량의 물질 온도를 1도 높이는 데 드는 열에너지를 말합니다. 물질의 종류에 따라서 결정되는 상수(변하지 아니하는 일정한 값을 가진 수)인데요. 밀도, 저항률 등과 같이 물질의 성질을 서술하는 데 중요한 물리량을 일컫습니다.

보물보다 귀한 보물상자가 있다고?

1995년, '유엔교육과학문화기구'라는 긴 이름의 유네스코(UNESCO)

는 경상남도 합천군에서 인류가 보유할 가치가 있다고 판단되는 유물을 하나 찾아냈다. 그들은 이 유물에 '세계문화유산 737번'이라는 낙인을 찍어주고는 다음 두 가지 요건을 만족했다며 선정의 근거를 알렸다.

첫째, 인류 역사에 있어 중요 단계를 예증하는 건물, 건축이나 기술의 총체, 경관 유형의 대표적 사례이다.

둘째, 사건이나 실존하는 전통, 사상이나 신조, 보편적 중요성이 탁월한 예술 및 문학작품과 직접 또는 가시적으로 연관됐다.

한마디로 인류 역사에 중요한 획을 그은 훌륭한 전통 예술품이라는 것이다. 이곳은 8만여 개의 신비한 나무판자가 보관된 창고였다. 각각의 나무판에는 322개의 글자들이 양면으로 새겨져 있었는데, 이들은 각각 한 줄에 14개씩 고르게 배치되어 있었다. 또한 이 글자들은 모두 불교의 교리를 설명하고 있었다.

앗, 그런데 이 글의 주인공은 '창고'다. 그곳에 보관 중인 '팔만대장경'이 아니다. 잠시 내용물에 눈이 멀어 이를 보관하는 공간인 '해인사 장경판전'에 소홀했다. 물론 1995년에 해인사 장경판전이 세계문화유산에 등재되기 전에는 이런 비슷한 실수가 흔했던 것도 사실이다.

1962년 12월 20일, 팔만대장경과 장경판전은 '국보(國寶)' 타

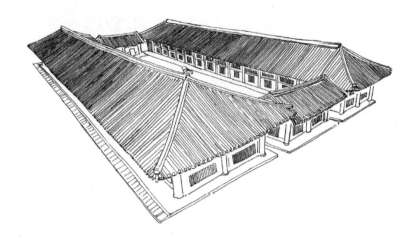

이틀을 동시에 따냈지만, 사람들의 시선은 자연스레 팔만대장경에게 쏠렸다. 그럴 만한 일이었다. 누가 아이스크림 껍질이나 보물상자에 관심을 갖겠는가? 중요한 건 달콤하고 시원한 아이스크림, 그리고 상자 안에 들어 있는 보물일 뿐이다.

장경판전이 겪은 치욕과 괄시의 시간은 길어도 너무 길었다. 자존감은 뚝뚝 떨어졌고, 그는 결국 자신의 존재 이유에 대한 철학적인 고민에 빠지고 말았다. 바로 그때, 유네스코라는 이름의 천사가 손을 내밀었다.

"애야, 무슨 걱정이 그리도 많은 것이냐? 네가 없었다면 저 보물도 지금껏 남아 있지 못했을 것이다. 이게 다 너의 유체역학(流體力學, fluid mechanics)적 시스템과 수분

> **?!** 기체와 액체 등 유체의 운동을 다루는 물리학의 한 분야입니다. 공학의 여러 분야와 밀접한 연관이 있는데요, 이 분야의 연구 성과에 힘입어 항공 역학이 가능하게 되었습니다.

흡수 능력 덕분이다. 상심하지 마라. 대한민국 땅은 너무 좁지 않더냐? 이제부터 너는 나와 함께 드넓은 세계 시장으로 나아가게 될 것이다!"

이에 질투의 화신, 팔만대장경은 자신도 유네스코의 간택을 받기 위해 갖은 노력을 다했고, 마침내 2007년, '세계기록유산'에 등재되었다. 하지만 장경판전이 세계에 이름을 알린 지 12년이 흐른 뒤였다.

상대가 되지 않는 게임

"대박! 밖은 찜통인데, 입구를 통과하자마자 천국이 시작됐어. 어떻게 이런 일이 가능하지? 에어컨은커녕 선풍기 하나 없는 밀폐된 공간인데 말이야. 도대체 어떻게 해서 이렇게 시원한 걸까?"

여러분은 지금 대한민국의 유네스코 세계기록유산을 보러 왔다가 믿기지 않는 체험을 하는 중이다. 머릿속이 하얘졌다. 태어나서 지금까지 시원함과 전기 요금 폭탄은 항상 세트라 여기며 지내오지 않았던가? 수상쩍음을 감지한 여러분은 공기가 흘러가는 길목을 샅샅이 파헤쳐보기로 결심했다.

이 원대한 작업의 첫 단계는 외부 둘러보기였다. 해인사 안내 지도를 펼쳐 들고 주변을 삥 둘러본 뒤 여러분은 얼마 지나지 않아 열기를 막아내는 1차 방어선을 찾아내는 데 성공했다. 그것은 바로

'ㅁ' 형태의 장경판전을 둘러싼 몇 겹의 수풀들이었다.

한편 '팔만대장경을 제거하라'는 임무를 받은 뜨거운 열기는 산기슭을 따라 올랐다. 그런데 장경판전에 들어서려는 찰나 수만에서 수십만이 넘을 것 같은 나뭇잎들과 떡 하니 마주쳤다. 그들은 콧구멍인 기공(氣孔)을 통해 '열을 못 먹어 안달이 난' 수증기 분자들을 뿜어댔다. 이들의 잘못된 만남은 수십 수백의 나무 기둥이 만들어낸 복잡한 미로를 탈출하기 전까지 계속됐다.

예상치 못한 수풀의 물 분자 공격 때문에 뜨거운 공기는 쓴맛을 보고 말았다. 병력의 대부분을 잃어버렸다. 공기는 젖 먹던 힘까지 쥐어짜서 남은 열기를 한 데 끌어 모았고, 그 힘으로 간신히 특공대를 조직했다. 졸지에 조직의 미래를 떠맡게 된 열기 특공대는 남문인 '수다라장'으로 몰려갔다.

열기 특공대가 기세를 몰아 출입구로 향하던 바로 그때였다. 장경판전의 2차 방어선이 작동하기 시작했다. 방어선이란 바로 높이가 다른 두 개의 담벼락이었다. 첫 번째 벽을 가뿐히 넘어 들어온 그들은 이내 두 번째 벽과 마주쳤는데 둘 사이의 시간 간격은 불과 1초도 채 되지 않았다.

두 담벼락 사이에 갇힌 특공대는 길을 잃어버려 갈팡질팡했다. 이 혼돈스러움은 '와류(渦流, eddy)'라는 형태의 유체 흐름으로 나타났다. 어지러움에 고통스러워하던 그들에게는 이제 공격 명령 따위가

> ?! 기체나 액체 같은 유체의 흐름에서 일부가 교란되어 본류와 반대되는 방향으로 소용돌이치는 현상입니다.

하나도 중요하지 않았다. 또 다시 대부분의 병력을 잃어버린 그들! 남은 이들을 손가락으로 꼽아야 할 판이었다.

동고동락하던 수많은 동료들과 한순간에 이별을 고한 몇 안 되는 뜨거운 공기 분자들은 고민에 빠졌다. 죽이 되든 밥이 되든 이대로 몰고 나가 '타깃'의 얼굴이라도 보고 죽느냐, 아니면 모든 걸 포기하고 달아나느냐? 그들의 눈에서 마지막을 의미하는 뜨거운 눈물이 흘러내렸다.

"에라, 모르겠다. 지금 돌아가 동료들의 죽음을 헛되이 만들 수는 없다. 여보게들! 그동안 고마웠네. 다음 생에서도 자네들의 동지가 되는 영광을 주겠나? 문이 아래쪽에 달려 있어 들어가기는 좀 힘들겠지만, 가능한 한 밀고 들어가보세! 전군 진격!"

뜨거운 동료애로 무장한 그들은 바닥 쪽에 달린 수다라장의 창문을 활짝 열어젖혔고, '위쪽에 통로가 없어서 차마 들어가지 못하겠다'고 등을 돌려버린 이들만 제외하고는 모든 공기 분자들이 최후의 전투를 위해 나아갔다.

떠나간 동료들의 한을 풀어줄 기회이자 임무 완수의 여부가 달린 절체절명의 상황. 장경판전 4개의 건물 중 남쪽에 위치한 수다라장은 씩씩거리며 다가온 그들에게 속삭였다.

"위로 날아오르기 원하는 너희들이 아래 문으로 들어오다니. 그 노력과 성의에 박수를 쳐주마. 그런데 너희는 선택을 잘못했어. 지금 너희의 병력으로는 나를 절대 이겨낼 수 없어. 너희도 이미 잘 알고 있지? 게다가 여기에서 너희 모두가 사라져버린다면 누가 지

✤ 장경판전 입구

✤ 장경판전 내부 공기의 흐름

금의 전투를 기억하겠니? 여기 남아 있는 이들이라도 밖으로 나가 죽은 동료들의 활약상을 널리 알리는 게 낫지 않을까? 선택은 너희 몫이야. 어떻게 할래? 너희 퇴로는 확실히 열어줄게. 나가기 편하라고 북쪽의 위편에 창문까지 준비해뒀어. 복 받은 줄 알아라. 세상에 이런 적군이 어디 있니? 맞다! 참고로 이 공간 곳곳에 너희 수분을 빼앗을 수 있는 소금, 숯, 석회가루를 심어두었으니 잘못 발을 디뎠다 가는 뼈도 못 추리게 될 거야."

치밀한 방어능력은 물론 논리력과 완벽한 준비성까지 갖춘 장경판전이었다. 그와의 전쟁은 애초에 상대가 되지 않는 게임이었다. 이후 이 전투는 '북쪽의 위 창문으로 빠져나간' 뜨거운 공기 분자들에 의해 유명해졌고, 당시 장경판전의 회유에 넘어간 이들은 후대에 다음과 같은 말을 전했다.

"앞으로 장경판전은 절대 건드리지 마라. 잘못했다간 나처럼 될 테니."

수나라와 당나라의 대군을 연달아 무너뜨린 이들의 후손, 고려는 장경판전이라는 장군을 내세워 뜨거운 열기 군단마저 막아내고 말았다. 비록 지금은 에어컨이라는 용병이 전 지구를 장악하고 있는 실정이지만, 우리가 맞이하고 있는 현재 그리고 맞이하게 될 미래는 전기 절약이 필수인 시대이다. 그때를 대비해서라도 장경판전 장군의 활약상을 곱씹어볼 필요가 있지 않을까?

2

옥을 만들어낸 신의 손

씹다 뱉은 껌

"조금만 더 불어봐, 더 크게, 더! 더!"

　조그만 입에서 훅 하고 배출된 날숨이 동그란 풍선을 만들었다. 그러나 과함은 부족함만 못한 법. 조금만 더 크게 불어보자던 욕심이 둥글게 부풀던 풍선을 그만 펑! 터뜨려버렸다. 단물이 채 빠지지 않은 껌이 기분 상한 아이의 입에서 툭 튀어나오는가 싶더니 바닥에 버려졌다.

　단물이 빠지면서 자신의 검은 빛을 잃어버린 껌의 몸에는 이미 푸른 빛깔이 감돌고 있었다. 그 옆에는 완전히 단물이 빠져 자신의 임무를 다한 붉은 빛깔의 껌이 콧방귀를 뀌며 비웃고 있었다.

"나는 너보다 주인과 더 오랜 시간을 보냈어. 이도저도 아닌 채로 버려진 너보다 내가 훨씬 낫구나."

붉은 껌은 으스대며 말했지만, 푸른 껌과 붉은 껌 모두 검은 껌에서부터 시작하여 다음 주인을 기다리는 신세인 것은 마찬가지였다. 하지만 안타깝게도 새 주인을 맞이하는 행운은 오직 푸른 껌에게만 찾아왔다. 오랜만에 달달한 맛에 취해 헤어 나오지 못하는 수많은 개미와 벌레들은 푸른 껌의 새로운 주인으로서 파이팅을 외쳤지만, 단물이 빠질 대로 다 빠져버린 붉은 껌에게는 새 주인을 맞는 일마저 사치일 뿐이었다. 그를 거들떠보는 이는 아무도 없었다.

한때는 첫 주인의 따뜻한 입 속에서 더 오래 머물렀다며 의기양양해 하던 붉은 껌이었지만, 이제 그를 기다리고 있는 것은 차가운 밤바람과 세차게 떨어지는 굵은 빗줄기뿐이었다. 행복해하는 푸른 껌을 부러운 눈빛으로 바라보며 붉은 껌은 생각했다.

"어중간하게 남아 있는 단물이라 쓸모없을 거라고 생각했던 내가 부끄럽구나. 이렇게 새로운 운명에 처할 줄이야."

그런데 그가 미처 생각하지 못한 사실이 하나 있었다. 붉은 껌이 무시해 마지않던 푸른 껌의 빛깔은 여간해서 구현하기 어려운 빛깔이라는 점이었다. 까다로운 여러 조건을 모두 만족시킨 푸른 껌은 말 그대로 '레어 캐릭터(rare character)' 그 자체였다.

레어 캐릭터의 필요조건

"나만의 개성을 명확히 표현해야만 이 바닥에서 살아남을 수 있어!"

레어 캐릭터가 되려면 수많은 요소가 필요하지만 뭐니 뭐니 해도 가장 중요한 것은 바로 개성 표현이었다. 여러 만화와 영화에서 종횡무진 활약하는 히어로들만 보더라도 이 명제는 참일 가능성이 매우 높다.

많은 히어로들은 어떻게 하면 자신의 개성을 살릴까 매일 고민했고, 그 고민의 결과인 빛나는 개성은 그들의 능력과 환경, 혹은 경제력 부문에서 전혀 다른 결과를 만들어냈다. 파란 쫄쫄이 위에 빨간 속옷을 입고서 지구 곳곳을 활개치고 다니는 '부끄러움을 모르는 외계인'부터 내로라하는 재벌가에서 태어나 돈 아까운 줄 모르고 펑펑 써대는 '미국판 검은 홍길동'에 이르기까지 우리가 살고 있는 행성, 지구에는 다양한 히어로들이 한 데 어울려 살아가고 있다.

그런데 이렇듯 각자의 개성 표현에 충실하면 모두가 히어로의 삶을 살 수 있는 것일까? 히어로가 되는 것, 그 자체를 목표로 삼은 몇몇 캐릭터들은 불과 며칠 안 돼 나가떨어졌고, 혹여 범죄자의 눈에 찍히는 날에는 밤잠과는 영영 이별을 고해야 했다. 그 뿐인가? 경찰들 역시 좋지 않은 시선으로 그들을 바라보곤 했다.

시련과 고통으로 점철된 히어로의 삶을 견뎌내려면 이른바 강력한 동기가 추가로 필요하다. 꼭 해내야만 한다는 의지를 심어줄 수 있는 필연적인 어떤 사건이 필요하다는 뜻이다. 만화 〈포켓몬스터〉 속 귀여운 애완캐릭터들조차도 진화라는 장벽을 넘어 강한 존재로 거듭나려면 결정적인 계기가 있어야 한다. 하물며 남과 다른 길을 가고자 하는 히어로들은 오죽할까! '개성'이라는 재료에 '동기'라는 이름의 손길이 닿는 순간, 비로소 독창적인 '보물'이 탄생하게 된다.

개성 + 동기 = 보물

"애비야, 요즘 궁궐에서 유행한다는 옥 찻잔을 갖고 싶구나. 아무래도 우리 형편에 불가능하겠지? 에이, 신경 쓰지 말거라."

이곳은 9세기 중국. 신비로운 빛깔을 자아내는 보물이자 희귀한 아이템으로서 왕족과 귀족의 사랑을 한 몸에 받고 있던 옥(玉)은 불교와 만나 찻잔의 형태로 거듭났다.

일명 '옥다완'이라는 이름을 지닌 옥그릇은 일반 평민으로서는 상상조차 할 수 없는 가치를 뽐냈다. 하지만 가질 수 없는 것에 더욱더 욕심을 내는 것이 인간의 모습이다. 당시 중국인들도 마찬가지였다.

현실과 타협하기로 결심한 백성들은 이내 흙으로 그릇을 빚어 구운 다음 그 위에 유약을 발라 옥그릇과 흡사한 것들을 만들기 시작했다. 다행히 노력은 그들을 배신하지 않았다. '옥이 전혀 포함되지 않은' 옥그릇이 드디어 세상의 밝은 빛을 보게 된 것이다.

그들은 어떻게 옥의 영롱한 빛깔을 재현했을까? 간단히 생각해보자.

✽ 중국의 청자 다완

푸른 빛깔의 흙으로 그릇을 만들면 된다. 단, 흙의 푸른 빛깔이 고온의 화로 안에서 결코 변질되어서는 안 된다. 이 같은 전제 조건만 맞추면 된다.

그런데 이 단순한 조건을 내건 자연과 타협하기란 여간 어려운 것이 아니었다. 웬만한 산불의 온도와 맞먹는 1300~1500℃의 화로에서 버틸 수 있는 물질이 과연 몇이나 될까? 화마가 훑고 지나간 곳에 남는 것이라고는 검은색의 재뿐이다. 푸른 빛깔은커녕 형태를 유지하기조차 어렵다. 굳이 찾아본다면 흙 속에서 고개를 빼꼼이 내밀고 있는 암석 정도다.

여린 마음과 굳센 마음

지구상에 널려 있는 재료들은 크게 유기물과 무기물로 나뉜다. 탄소(C) 성분의 유무에 따라 구분되는 이 일반적인 분류법은 수백 ℃ 이상의 고온 환경에서 버텨낼 수 있는가와 연관이 있다. 마음이 여린 유기물은 스트레스에 취약하여 그다지 높은 열이 아닌데도 금방 자신의 형태를 잃어버리는데 반해 굳건한 마음을 지닌 무기물은 어지간한 스트레스 따위엔 눈 하나 끄떡하지 않는다. 어디 그 뿐이던가? 여린 마음의 소유자인 유기물은 쉽게 마음을 주는 반면, 강한 심성의 소유자인 무기물은 항상 마음의 문을 굳게 닫고 있다.

유기물은 자신이 좋아하는 액체, 즉 물이나 기름 같은 특정한 용매를 만나면 간이고 쓸개고 모조리 다 꺼내 보여줄 요량으로 분자 상태로까지 분해되지만, 무기물은 강산과 강염기를 제외한 그 어떤 액체에도 마음의 문을 열지 않기에 분자 상태로 존재한다는 것은 절대 상상할 수가 없다. 무기물이 보여줄 수 있는 최선의 친분 표현이라고 해야 아주 작은 크기의 입자 정도일 뿐이다.

이렇듯 정반대의 길을 걷고 있는 이 둘은 심지어 주변에 자신을 표현하는 스타일마저 완전히 다르다. 자신의 강력한 첫인상으로서 '빛깔'이라는 요소를 택한 그들은 이를 각각 '일부' 혹은 '전체'에 드러내 보이기로 결심했다.

"나의 전부를 보여주는 건 아무래도 부담스러워."

소심한 유기물은 손이나 발, 즉 몸의 일부 부위에서만 특정한 파장의 빛을 흡수할 수 있도록 '발색단(發色團, chromophore)'이라는 이름의 분자 구조를 배치해두었다.

"소심하기는! 기왕 마음먹었으

'발색'은 '빛깔이 남, 또는 빛깔을 냄'이라는 뜻입니다. 발색단은 염료나 색소에서 발색 원인이 되는 유기화합물에 포함된 원자단을 이르는데요. 이 안에 불포화 결합이 들어 있어 π전자가 에너지를 흡수하여 들뜨면서 색이 나타나게 됩니다.

면 확실히 어필해야지."

매사에 조심스런 유기물과 달리 화끈한 성격의 무기물은 혀를 끌끌 차면서 몸 전체에 흐르는 피, 즉 전자를 원하는 곳에 적절히 배치하여 전반적으로 특정한 빛을 흡수하도록 세팅했다. 두 물질은 특정한 빛만 마구잡이로 흡수하기 시작했고, 흡수되지 않은 나머지 파장의 빛들은 '유기물의 손'과 '무기물의 온몸'에서 반사되어 우리 눈에 비춰졌다.

지금까지 이야기한 유기물과 무기물의 특성은 결국 '고온의 화로에 들어가 자신의 빛깔을 유지한 채 살아남을 수 있는 것은 무기물, 즉 암석의 가루뿐이다'라는 결론을 이끌어냈다.

산신령, 녹슨 쇠도끼를 주다

"얘야, 밖에 나가 푸르스름한 바위를 찾아서 그 가루를 가져오너라. 얼마 전 노인정에 갔다가 들은 얘긴데, 흙으로 그릇을 빚은 다음 그 위에 푸른 가루를 뿌리면 옥그릇을 만들 수 있다는구나. 솜씨 좋은 네가 한번 만들어보겠니?"

온 나라를 뒤지던 중국의 솜씨 좋은 도자기 장인들이 드디어 푸른 그릇의 재료로 쓸 만한 가루를 찾아냈다. 그들은 마법의 가루를 유약과 잘 섞어 고르게 펴 바른 뒤 화로에 집어넣고서 간절히 빌었다.

"비나이다, 비나이다. 이번만큼은 제발 성공하게 해주십시오."

펑! 그들의 간절한 바람이 하늘에 닿은 것일까? 몇 개의 도자기들과 함께 새하얀 수염을 기른 산신령이 나타났다. 산신령은 무릎을 꿇고 있는 도자기 장인들을 향해 외쳤다.

"하나는 알고 둘은 모르는 자들이여. 너희는 지금 잘못된 방법으로 그릇을 만들고 있다. 푸른 가루에 열을 가하면 산소가 들러붙는다는 사실을 왜 모르느냐. 정성은 기특하지만 그렇다고 내가 직접 만들어줄 수 없는 노릇. 너희들이 만든 그릇은 돌려줄 테니 도로 가져가거라. 그리고 너희의 고민을 줄여줄 수 아이템을 하나 선물하마. 이것을 가져가 분석해보고 다시 방법을 고민해보아라."

그들의 손에는 그토록 고대하던 푸른 그릇은커녕 붉은 빛깔을 띠는 그릇들과 산신령의 선물인 빨간 녹이 슨 쇠도끼가 들려 있었다. 도대체 그들이 놓친 것은 무엇일까? 어찌하여 산신령은 녹이 슨 쇠도끼를 선물로 주고 사라진 것일까?

마침내 완성된 가짜 옥 찻잔

우리가 가장 많이 쓰는 금속이자, 우주에 가장 널리 퍼져 있는 중금속이며, 자연스러운 핵융합 과정을 통해 얻을 수 있는 최종 물질은 무엇일까?

이렇듯 뭔가 있어 보이는 심오함을 풍기는 이 금속은 사실 우리가 '쇠'라고도 부르는 '철'이다. 대한민국 5천만 인구 중에서 20퍼센트인 무려 1천만 명이 김(金) 씨인 것만 봐도 철과 우리는 떼려야 뗄 수 없는 관계인 모양이다.

그런데 우리가 매일 접하고 있기에 부모형제보다도 잘 알고 있다고 굳게 믿는 이 금속, 철은 사실 사기꾼이다. 우리는 물론 자기 자신까지 속일 줄 아는 수준급의 사기꾼이다. 그는 자신의 이름 앞 글자들을 살며시 가린 채 우리를 기만하고 있다. 비로 다음과 같이 말이다.

(산화)**철**

철이 만들어질 당시만 해도 순수한 본연의 상태를 표방하여 눈부신 은백색의 빛깔을 자랑했지만, 이는 방학을 맞이한 학생들이 그리는 계획표처럼 금방 의미를 잃게 마련이다. 여러분은 놀이터에서 은백색 광택이 번쩍거리는 철봉과 미끄럼틀을 본 적이 있는가? 새로 설치된 놀이기구가 아닌 이상, 은백색이 놓여 있던 자리는 어느새 붉은 빛깔로 가득하다.

하지만 철이 사기꾼으로서의 삶을 살아가는 데에는 나름대로 감성적인 이유가 있다. 사실 철은 평소에 외로움을 많이 타는 친구다. 홀로 있을 때는 은백색의 멋진 모습이지만, 멋진 외모가 그의 쓸쓸함을 채워주지는 못했다. 이때 그의 어깨를 감싸며 따스한 손길을 내민 이가 있었으니, 그가 바로 지구 대기의 21퍼센트를 차지하는 산소였다. 산소는 외롭던 그에게 마더 테레사와 같은 존재였다. 그런 탓에 마음을 빼앗기는 것은 시간문제에 불과했다.

어느새 그의 몸과 마음 전체를 장악해버린 산소. 이후 철은 자신의 아름다운 은백색 광택을 아낌없이 내어준 뒤, 유일한 친구와 함께 산화철(Fe_2O_3)이라는 이름의 '붉은 노년기'를 맞이하게 된다.

그렇다면 앞선 이야기 속의 중국 도자기 장인들이 찾은 푸른 가루의 정체는 무엇일까? 왜 그것은 푸른 빛깔을 띠고 있을까? 붉은 산화철과 어떤 관계일까? 수많은 궁금증에 대한 열쇠는 마더 테레사, 아니 '마더 옥시젠(oxygen)'이 쥐고 있다. 이제 좀 더 깊숙이 들어가보자.

'Fe_2O_3'라 적는 산화철의 실험식(實驗式, empirical formula)에 잘 드러나 있듯, 하나의 철 원자는 1.5개의 산소 원자를 만나 완전체가 된다. 그런데 만약 철이 산소와 만나는 이 과정에서 산소의 양이 부족하다면 어떻게 될까? 붉은 빛깔이 미처 완성되지 못했으니 다른 빛깔이 드러나지 않겠는가? 이 현상은 평소 산소를 잡아먹지 못해 안달이던 일산화탄소(CO)라는 악당에 의해 더욱 가속화된다.

> 화합물에 존재하는 원소의 비율을 표시하는 화학식입니다. 분자에 포함된 원자수를 가장 간단한 정수비로 나타냅니다.

이미 붉게 변해버린 산화철(Fe_2O_3)을 방 안에 밀어 넣고 방문을 걸어 잠근 채 불을 지피는 상황을 상상해보자. 산소라고는 눈을 씻고 둘러봐도 방 안에 존재하는 것이 전부인 비극적인 상황이다. 게

다가 이 방에는 산소를 좋아하는 이 가 둘이나 있다. 우리가 밀어 넣은 '산화철'과 이미 방 안 곳곳에 포진해 있는 '유기물'들이다. 보이는 족족 흡수하려고 눈에 불을 켠 유기물과 산화철 간의 눈치 게임이 시작된 것이다. 과연 승자는 누가 될까?

✱ 고려청자

그런데 의외로 게임이 싱겁게 끝 나버렸다. 월등히 우월한 유기물이 아주 가볍게 승리한 것이다. 유기물(C)이 일산화탄소(CO)로 변해버리는 속도가 빠른 건 둘째 치더라도, 철에게는 이미 1.5명의 산소 친구마저 딸려 있는 절대적으로 불리한 상황이다. 이미 배가 부를 대로 불러 있는 산화철은 미안한 마음에 냉큼 손을 내밀지 못한다. 안타깝게도 이번 게임의 승자는 애초부터 정해져 있었다. 동등한 기회를 주고 싶었던 승리의 여신도 이제 유기물을 향해 웃고 있다.

그때, 어느 쪽에도 치우치지 않으며 '중립의 수호자'를 자처하던 그녀가 뒤통수를 얻어맞는 사건이 벌어졌다. 산소 한 개를 흡수하여 일산화탄소가 되어버린 유기물이 늑대로 돌변한 것이다.

"나는 아직 배가 고프다."

산소 사냥에 돌입한 일산화탄소의 레이더에 포착된 것은 눈치 없이 근처를 배회하던 산화철이었다. 뒷짐을 진 채 소화나 시킬 겸 산책을 즐기고 있던 그를 일산화탄소가 번개처럼 공격했다.

'퍽! 퍽!'

불한당 일산화탄소(CO)의 강력한 공격은 배가 충분히 부른 이산화탄소(CO_2)가 되어서야 비로소 사그라진다. 불쌍한 산화철! 실컷 얻어터진 그에게 남은 것이라고는 푸르스름한 멍과 쪼그라들어버린 그의 실험식(FeO: 1개의 철 원자와 1개의 산소가 결합)뿐이었다.

$$Fe_2O_3 + CO \rightarrow 2FeO + CO_2$$

'강한 자만이 살아남는다'는 씁쓸한 현실 덕분에 9세기의 중국 장인들은 푸른 그릇, '청자'를 만들어낼 수 있었다.

푸른 그릇의 진화

"자네도 요즘 너무 불안하지? 우리 함께 이곳을 떠나세. 우리에게는 뛰어난 청자 기술이 있으니 어디서든 환영받을 거야."

당나라가 멸망한 뒤 5대10국이라는 대 혼란기를 맞이한 10세기 중국. 청자 기술자들은 어수선한 중국 대륙을 벗어나 하나둘씩 이웃 나라 고려로 넘어갔다. 고려에 정착한 그들은 곧 공방을 열었는데, 그 인기가 하늘을 찌를 정도였다. 옥을 대체할 수 있다는 말에 솔깃해진 고려인들은 너도나도 기술을 배우러 공방을 찾아왔고, 이른바 '중국발 푸른 바람'이 전국을 강타했다.

어느덧 100여 년의 세월이 지났다. '고려청자는 중국 청자의 아류'라는 인식이 강하게 뿌리내릴 즈음, 몇몇 국내 도자기 장인을 중심으로 불만을 품은 세력들이 슬슬 고개를 내밀었다.

"여보게, 자존심이 상해서 더는 못해먹겠네. 우리가 왜 저들보다 못한 취급을 받아야 되나? 저들이 옥그릇 모조품으로 청자를 개발했듯이 나 또한 저들의 청자를 개량하여 우리만의 독특한 청자를 만들고 말테니, 두고 보게."

독창적인 보물을 만드는 데 꼭 필요한 동기로서 '자존심 회복'만큼 강력한 기제가 어디 있을까? 그들은 유약(釉藥)의 산화철 성분에서 나온 푸른 빛깔을 좀 더 정교하게 다듬기로 결심했다. 좀 더 정확하게 말하자면 기존의 푸른 빛깔에 '투명도'라는 새로운 개념을 입히

> **?!** 도자기 등의 세라믹 제품을 만드는 과정에서 광택, 색, 질감 등을 더 좋게 하기 위해 세라믹 표면에 바르는 물질입니다. 유약을 바른 세라믹이 소결 과정(가루가 녹으면서 서로 말착하여 단단해지는 것)을 거치면 유약의 성분과 공기 중의 산소가 만나 산화과정으로 인한 안정화가 이루어집니다.

기로 작정한 것이다. 의견이 분분한 가운데 유독 우리의 과학 DNA를 톡 건드린 아이디어가 있었다. 곧 '화로 내에서의 고온 처리 시간을 바꿔보자'는 생각이었다.

"고온 지속 시간이 너무 길어서 투명한 재료들이 전부 녹아내린 건 아니었을까? 만약 투명한 결정체들이 어느 정도 살아남을 수 있도록 열을 공급한다면 어떻게 될까?"

172

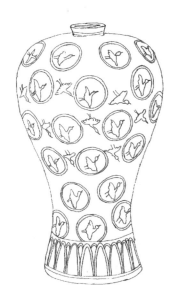

✽ 상감청자

　　유레카! 아이디어는 적중했다. 놀라운 푸른빛의 향연은 그들의 비명조차 앗아갈 만큼 화려했으며, 이는 우리 민족만이 즐길 수 있는 유일한 파티가 되었다. 1,000년이 훌쩍 지난 현재까지도 그 빛깔에 대한 완벽한 해석이 나오지 않고 있다는 사실은 당시의 파티가 매우 수준 높은 것이었음을 짐작하게 해준다.

　　그로부터 세월이 좀 더 흘렀다. 그들은 고려청자를 한 단계 더 진화시키는 데 성공했다. 도장을 파내듯 청자의 표면을 깎아낸 뒤, 그 홈에 색깔을 띠는 흙을 채워 넣는, 이름하여 '상감(象嵌)기법'을 개발한 것이다.

　　"자네들, 소식 들었나? 우리가 만들어낸 청자가 중국에서도 인정하는 보물이 되었다네. 그들의 청자가 내뿜는 푸른 빛깔을 옥색과 비슷한 '비색(秘色)'이라 칭하는 데 반해, 우리의 청자 빛깔은 진정한 옥색이라 하여 '비색(翡色)'이라 부른다는군!"

고려의 비(翡)색 청자는 더는 중국의 그늘에 가려진 아류가 아니었다. 모양도 색도 푸른 강물 위를 나는 물총새(翡)처럼 자유로웠다. 강물 속의 먹잇감을 힘차게 낚아채듯 전 세계인들의 마음을 훔쳤으며, 고려청자에 마음을 빼앗긴 그들은 강산이 백번 변한 지금까지도 제 것을 찾아가지 못하고 있다.

혹자는 이야기한다. 아류는 아류일 뿐이라고. 또 다른 혹자는 말한다. 내가 생각하는 건 이미 남들이 다 했다고. 지금 여러분이 하고자 하는 일이 혹시 다른 이들에 의해 이미 끝나버린 일이라 한탄스러워하고 있는가? 조금 일찍 생각해내지 못한 자신을 못났다고 여기는가? 물론 그들이 여러분보다 한 발자국, 아니 두세 발자국 정도 앞서 있을 수 있다. 그런데 우리는 이미 잘 알고 있다. 세상은 한 명이 이끌어나가는 게 아니라는 사실을 말이다. 그를 뒤따르는 수십, 수백 명이 있을 때 비로소 세상을 움직일 수 있는 동력이 생기지 않던가? 비록 일의 시작은 선구자의 그것과 비슷할지 몰라도, 시간이 흐르면 여러분의 내면에서는 욕심이라는 녀석이 꿈틀거릴 것이다. 선구자를 넘어보고야 말겠다는 욕심! 나만의 창조물을 만들어보고 싶은 욕심! 이러한 욕심들에 꿈틀거릴 기회를 줘보자. 따라해보고 싶다는 마음을 갖는다는 것 자체가 여러분 역시 세상을 빛낼 수 있다는 뜻이니까 말이다.

3

돌과 금속의 이상한 만남

부담스런 손길

대지를 뒤덮었던 엽록소의 따뜻한 기운이 파괴되자 나뭇잎들은 제 힘을 잃고 하나둘 땅에 떨어지기 시작했다. 2016년 어느 가을날, 이슈 하나가 스마트폰을 뜨겁게 달궜다.

"아! 이게 뭐죠? 돌덩어리 사이에 끼어 있는 저 납작하고 동그란 물건들은 도대체 무엇인가요?"

지금으로부터 1000여 년 전, 중국의 오월국에서 전래됐다고 하는 석탑(石塔)이 화제의 주인공이었는데, 틈새에 눈치 없이 끼어 있던 '동그란 물건'의 정체는 '동전'이었다. 석탑 사이에 웬 동전? 스마트폰이 뜨거워진 데는 그만 한 이유가 있었다.

때는 바야흐로 10세기, 광활한 땅에 들어선 오월국은 '전홍숙'이라는 이가 임금의 자리에 앉아 다스리고 있었다. 끝없는 전쟁의 참혹함을 진정시키기 위해 여러 방법을 강구하던 그는 과거 인도의 고사에 나오는 비법을 그대로 따라 해보기로 마음먹었다.

"저 멀리 인도에 '아소카'라는 임금이 만들었다는 탑이 있다고 하네. 그 탑이 매우 영험하다고 하니, 우리도 한번 시도해보면 어떻겠소? 부처의 진신사리(眞身舍利)를 8만4천 개의 탑에 나누어 담고 봉양했다고 하니, 그 의미와 염원이 참으로 갸륵하지 않소?"

그는 자신의 간절한 바람을 담아 탑을 제작했다. 그런데 그 탑에 들어간 재료들이 실로 놀라웠다. 일부는 황금으로 된 '금탑'이었고, 일부는 구리로 된 '동탑'이었으며, 그 외 것들은 '철탑'이었다. 그야말로 다양한 금속 소재를 활용해서 세운 금속 탑들의 모임이었다.

오월국의 왕은 각각의 탑 안에 부처의 사리 대신 불교 경전을 담았다. 당시 이웃나라였던 고려에 이 같은 불탑 제작 소식이 전해진 것은 너무나 자연스러운 일이었다.

고려인들은 전홍숙이 만든 금탑, 동탑, 철탑의 양식을 그대로 따르되 재료만 돌로 바꾼 '석탑'을 제작했다. 그 후 세월이 흐르고 흘러 고려 땅을 뒤덮었던 강과 산은 사라지고 인공으로 만든 호수와 대단위 아파트 단지들이 그 자리를 차지하게 되었다. 고려의 석탑 역시 세월의 흐름을 거스르지 못했다. 곳곳에 상처가 났고, 일부는 비바람에 패였고, 심지어 어떤 부속품들은 사라져버렸다.

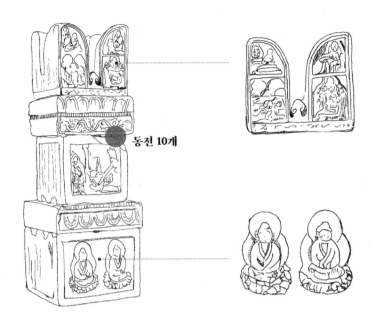

동전 10개

"아이고, 불쌍해라. 아시아 곳곳에서 발견되는 금속탑들은 대부분 그 형태가 남아 있다던데, 너는 그렇지 못하구나. 완전하지도 않은 게 삐거덕거리기까지 하다니. 쯧쯧, 내가 도와줘야겠다. 가만 보자, 동전이 어디 있더라?"

제구실을 못하는 불쌍한 석탑을 위해 익명의 누군가가 손을 내밀었다. 거침없는 손길이었다. 다 닳아빠진 커다란 돌덩이들 사이에서 얄미울 정도로 멀쩡한 금속덩어리의 존재가 매스컴을 달궈놓았다. 그가 감히 어루만진 석탑이 바로 보물 중의 보물이자 우리나라를 상징하는 대표적인 보물 '보협인석탑(寶篋印石塔)'이기 때문이었다. 보협인석탑은 209번째로 지정된 국보(國寶) 중 하나다.

그런데 한 가지 의문점이 생긴다. 원래 동전은 구리로 만든 것이 아닌가? 우리는 과학 수업 시간에 '구리(copper)는 잘 눌러지면서도 잘 늘어나는 특성이 있는 금속'이라고 배웠다. 그런데 어떻게 해서 보협인석탑의 동전들은 수백 킬로그램은 거뜬히 나갈 무거운 돌덩이 틈바구니에 끼어 멀쩡할 수 있었던 걸까?

이 구리돈은 어찌하여 다른 구리 친구들과 달리 약한 존재라는 인식으로부터 자유로울 수 있었을까? 수긍할 만한 깔끔한 해답이 필요하다.

시너지란 무엇일까?

"그것 봐. 같이하니까 청소가 빨리 끝나잖아. 각자의 능력이 합해지니 더 큰 힘이 나오는 거야. 서로에게 부족한 부분을 채워주니 더 좋고!"

대청소를 지휘하는 선생님은 매번 같은 말로 아이들을 격려한다. 하지만 이런 모습을 보며 '선생님은 만날 꼰대 같은 소리만 해' 하고 눈을 흘길 필요는 없다. 살짝 고개를 돌려 한숨을 쉬고 있는 선생님 역시 여러분처럼 '시너지 (synergy, 協力作用)'의 수혜자니까

> **?!** 일반적으로 두 개 이상의 것이 하나가 되어 독립적으로만 얻을 수 있는 것 이상의 결과를 내는 작용을 말합니다. 흩어져 있는 집단이나 개인이 서로 적응하여 통합되어가는 과정을 이르는 말로도 쓰입니다.

말이다. 그 역시 매번 호랑이 같은 목소리로 뻔한 레퍼토리를 읊어 대는 교감선생님을 피해 다닌 터다.

불현듯 코 찔찔이 시절에 다뤘던 기초적인 과학 실험이 하나 떠오른다. 준비물이라고는 크기가 큰 여러 알의 콩과 아주 작은 쌀 알이 전부. 이 둘을 섞는 아주 간단하면서도 쉬운 실험이었다. 그때 선생님은 이렇게 말씀하셨다.

"왼쪽 종이컵에는 콩을 채워 넣고, 오른쪽 종이컵에는 쌀을 채 워 넣되, 각각 절반씩만 넣으세요. 다 됐으면, 앞에 놓인 새 종이컵 에 두 개를 동시에 부어볼까요?"

절반과 절반이 만났으니 컵이 가득 찰까? 천만에! 컵의 3/4 혹 은 4/5밖에 차지 않았다. 어떻게 된 일일까? 하지만 우리는 이미 그 답을 알고 있다. 콩과 콩 사이의 빈틈에 쌀알이 채워졌기 때문이다. 전체적인 분량이 감소한 듯 보이지만 이는 빈 공간을 보지 못한 우 리의 눈이 일으킨 착각에 불과하다. 빈 공간을 채워가며 서로 '윈- 윈' 하는 일종의 시너지 효과를 경험한 것이다.

잘못된 이름

'구리 돈'이라 쓰고 읽지만, 사실 이 단어에는 눈에 보이지 않는 괄 호가 포함되어 있다. 괄호 안에 들어 있는 투명한 단어는 이따금 자 신의 모습을 드러내기도 하지만 그마저도 상황과 장소에 맞게 변하기에 우리는 구리가 기반이 되었다는 원래 특징조차 잘 기억하지 못한다.

구리(와 니켈이 혼합된) 돈
구리(에 아연이 포함된) 돈
구리(는 거의 없고 알루미늄만 잔뜩 들어 있는) 돈

이처럼 다른 금속과의 혼합으로 이루어진 이름만 동전인 구리 돈은 '김이xx', '최박xx'처럼 엄마와 아빠의 성씨를 동시에 사용하는 요즘 시대의 흐름에 부합하지 않는다.

그러나 다행히도 동전은 주변의 이목 따위에는 무관심하다. 상처입지 않을 만큼 단단하다. 동전에 포함된 각기 다른 크기의 금속 원자들은 서로 친할 뿐 아니라 상대방의 빈틈을 파고 들 수 있었기에 빽빽하게 배치되었고, 이는 전체적으로 보다 단단해지는 시너지 효과를 일으켰다. 설령 원자 하나하나가 서로 한 몸이 되는 기적을 일으키지는 못했어도 두 물질이 닿는 '표면'에서만큼은 충분히 함께할 수 있었기 때문이다. 그리고 이곳에서 두 종류의 원자들은 비로소 보다 친숙해지는 방향을 찾았다.

드디어 진정한 하나로 거듭난 '합금'에게 콩과 쌀알의 혼합물은 명함조차 내밀지 못했다. 원자들 간의 새로운 결합 때문에 원래 자리를 차지했던 공기층은 싹 빠져버리고, 더는 빈틈을 찾을 수 없게 되었다. 이로 인해 강도(強度)는 이전의 부모 금속들과 비교할

바 없을 정도로 올라갔는데 이 같은 결과는 눌리고 늘어나는 특성인 '전성(展性)'과 '연성(延性)'에 영향을 미쳤다. 그러나 이게 끝이 아니다. 금속 전체를 관통하는 전자들의 밀도 역시 달라졌기에 빛깔 또한 변해버린다.

우리 주머니 속의 '구리(합금) 돈'은 이렇게 시너지 효과를 몸소 체험하는 중이다. 그리고 그들의 시너지 체험 성공기는 온 세상에 일파만파 퍼지게 되었다.

> ?! 두드리거나 압착하면 얇게 펴지는 금속의 성질을 의미합니다. 금, 은, 구리 등의 금속은 이 성질이 뚜렷합니다.
>
> ?! 물질이 탄성 한계 이상의 힘을 받아도 부서지지 아니하고 가늘고 길게 늘어나는 성질을 말합니다. 금속은 일반적으로 연성이 큰데, 그중에서도 백금이 가장 크고, 금·은·알루미늄 등이 그다음입니다. '늘림성'과 같은 뜻입니다.

의외의 평행이론

"너희, 그 소문 들었어? 옆 동네에 '시너지 체험방'이 생겼는데, 거기 들어가면 최강의 몸을 얻을 수 있대. 얼마 전에 구리가 거기 들어갔다 나왔는데 얼마나 단단해졌는지 인기가 왕창 치솟았지 뭐야. 여기저기 안 찾는 곳이 없대."

동전의 시너지 성공담은 급속도로 퍼져 모르는 이가 없을 정도였다. 덩달아 시너지 체험방 앞 좁다란 골목은 찾아온 이들로 인산인해를 이루었고, 이에 질세라 제2, 제3의 시너지 체험방이 우후죽

순 격으로 생겨났다. 하지만 그들은 불행히도 몇 가지 중요 사항을 놓치고 있었다. 시너지 체험에서 성공하려면 필수적인 자격 조건이 있어야 했다. 이를 만족시키지 못하면 높은 경쟁률을 뚫고 들어간다 해도 실패할 확률은 거의 100퍼센트였다. 구리가 이야기하는 자격 조건은 다음과 같았다.

1. 키가 얼추 비슷한 친구들만 입장이 가능하다.
2. 얻는 게 있으면 잃는 것도 있는 법. 서로의 단점을 너그러이 받아들일 수 있는 이들만 입장 가능하다.

수많은 이들이 시너지 효과를 체험하기 위해 신청서를 제출했지만, 구리(Cu, 원자 반지름 135pm)와의 혼합을 성사시킬 이들은 손가락에 꼽힐 정도였다. 그 결과 최종적으로 아연(Zn, 원자 반지름 135pm)과 니켈(Ni, 원자 반지름 135pm), 그리고 알루미늄(Al, 원자 반지름 125pm)이 파트너로 선정되었다.

> **?!** 원자를 구형으로 보았을 때 원자핵에서 가장 바깥 궤도에 있는 전자까지의 거리를 말합니다.

세 후보들은 완벽한 혼합을 위해 녹는점 이상의 온도에서 저마다 원자 단위로 움직이기 시작했다. 앞다투어 구리 원자와 자리를 바꾸었고, 이들은 일명 교환이라 불리는 자리 바꿔치기로 인해 하나가 될 수 있었다. 그런데 진행이 마무리될 무렵 누군가가 손을 번쩍 들었다.

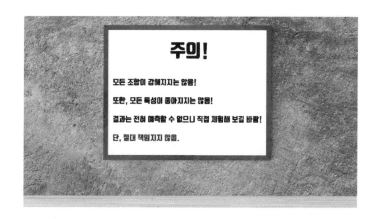

"두 번째 자격 조건은 무엇을 의미하는 건가요? 그냥 패스인 가요?"

그러자 시너지 체험방의 주인이 의미심장하게 웃으면서 벽에 붙어 있는 새하얀 종이를 가리켰다. 거기엔 다음과 같은 문구가 적혀 있었다.

후회해도 이미 때는 늦었다.

악마와 거래하다

1966년, 대한민국의 경제계에 혜성처럼 등장한 이가 있다. 그의 등에는 스트라이커를 상징하는 '10'이라는 숫자가 새겨져 있었고, 오른손에는 붉은 빛깔의 구리를, 왼손에는 은백색의 아연을 쥐고 있었다. 그는 자신의 등번호에 걸맞게 동에 번쩍 서에 번쩍 하며 대한민국의 경제를 쥐고 흔들었다. 너무나 열심히 뛰어다닌 탓일까? 그의 얼굴은 항상 벌겋게 상기되어 있었다.

5년째 되던 1970년, 그는 잠시 숨고르기를 시도했다. 앞으로 더 잘 뛰어보기 위한 재정비 겸 휴식을 취하면서 무겁던 오른손 위의 구리들을 덜어냈다. 그러고 나서 덜어낸 무게만큼 아연으로 바꾸어 왼손에 올려놓았다.

"이제 어느 정도 무게가 맞춰진 듯하니 다시 뛰어볼까?"

벌겋게 상기되었던 얼굴은 충분한 휴식 덕분에 뽀얗고 노란 빛으로 바뀌어 있었다. 몸도 더욱 단단해진 듯했다.

그로부터 다시 36년이 흘렀다. 나이도 많이 먹었겠다, 뒤를 잇는 후배들도 많이 생겼겠다, 이제 그는 열심히 뛰어다닐 필요가 없어졌다. 자의 반 타의 반, 입지도 점점 좁아지고 있었다. 그러던 중 악마 하나가 그를 찾아왔다.

"너 그동안 엄청 열심히 뛰었잖아. 이제 그만할 때도 됐어. 언제까지 그렇게 무거운 몸으로 뛰어다닐 거냐? 연봉도 이제 무시하지 못할 만큼 올랐잖아. 월급 주는 사람 입장도 생각해야지. 내가 좋은 제안 하나 할까?"

악마는 그의 오른손에서 구리를 덜어내고, 왼손에는 쥐고 있던 아연 대신 알루미늄을 얹어주었다. 그러고는 이렇게 말했다.

"이제 더 가벼울 거야. 열심히 뛸 필요도 없어."

정말이었다. 악마의 말대로 몸이 훨씬 가벼워졌다. 예전의 1/4 수준밖에 되지 않는 것 같았다. 물론 열심히 뛰지 않는 대신 몸값은 줄어들었지만 어차피 지금껏 벌어놓았던 것이 충분했기에 생계에 부담이 가지도 않았다. 회사에서도 그의 결정을 반겼다. 내심 돈이 굳었다고 기뻐하면서 그를 더욱 치켜세웠다. 그는 악마가 아니라 천사를 만난 것 같다고 생각했다.

그러던 어느 날이다. 행복의 절정에 서 있는 것처럼 보였던 그가 세탁기 안에서 처참한 몰골로 발견되었다. 그의 손에 쥐어졌던 알루미늄은 온데간데없이 사라졌고, 구리는 이미 다 녹슨 상태였다. 그는 더 이상 '10원짜리 동전'이 아니었다. 세탁기 속에서 나뒹구는 애처로운 '산화구리 판'에 지나지 않았다.

그렇다. 악마는 그에게서 동전의 기본 특성인 튼튼함과 내구성을 앗아간 것이다. 이미 벌어진 일, 후회한다고 달라질 건 없었다. 경제성만 생각한 나머지 정작 자신의 강점을 관리하지 못했던 자신의 잘못이었다.

초심을 잃은 자

1966년 이 땅에 처음 출시되었을 때만 해도 10원짜리 동전은 88퍼센트의 구리와 12퍼센트의 아연으로 구성되어 있었다. 그러다가 1970년에 구리의 재료비가 비싸다는 이유로 함유량이 변경된다.

구리/아연의 합금은 아연의 비율이 40퍼센트 정도일 때 가장 강도가 세다는 점까지 고려하여 함유량이 결정되었다. 구리 65퍼센트, 아연 35퍼센트로 비율이 결정된 것도 그 때문이었다.

그러던 중 2006년에 또 다시 전 세계적으로 구리 재료비 문제가 불거졌다. 이에 한국은행은 45퍼센트의 구리와 55퍼센트의 알루미늄으로 동전의 조성을 전면적으로 변경했다. 더는 구리 돈(동전)이 아닌 셈이었다. 그 뿐만이 아니었다. 한국은행은 전 세계 최초로 동전의 디자인마저 건드렸다. 이른바 '샌드위치 타입'이다. 마트에서 파는 초코샌드 '오레오'와 같은 형태로 말이다.

TV 화면에 등장하는 오레오 광고에서는 과자를 우유에 찍어 먹으라고 권한다. 그런데 실제로 오레오를 우유에 찍어서 먹어본 이들은 고개를 절레절레 흔든다. 왜 그럴까? 샌드 속 크림이 우유에 금방 녹아 샌드가 무너지기 때문이다. 단 두 번만 담가도 샌드는 모래처럼 부서진다. 중간에서 샌드의 형태를 유지해주던 크림이 사라져버렸으니 모양이 허물어지는 건 당연한 결과다. 우리가 요즘 사용하는 새로운 10원이 이 모습과 매우 흡사하다.

여러분 중에도 과학 시간에 '금속의 이온화(ionization) 경향'을 배운 사람이 있을 것이다. '칼카나마 알아철…'로 시작하는 암기법도 귀에 익을 것이다.

> ?! 전해질이 용액 속에서 양이온이나 음이온으로 해리되거나 그렇게 만드는 것, 혹은 그런 현상을 이릅니다.

K)Ca)Na)Mg)Al)Zn)Fe)Ni)Sn)Pb)(H))Cu)Hg)
Ag)Pt)Au

금속의 이온화 경향은 별로 어려운 내용이 아니다. 왼쪽으로 갈수록 금속의 형태를 띠지 못한다는 것만 기억하면 된다. 즉, 왼쪽으로 갈수록 산소와 만나 반응하거나 녹아서 이온으로 둥둥 떠다니는 상황에 더 잘 처하게 된다는 뜻이다.

2006년에 바뀐 지금의 10원을 오레오에 빗대어 설명하면 크림은 알루미늄(Al), 샌드는 구리(Cu)다. 두 개의 구리 샌드는 알루미늄 크림을 경계로 자신의 자리를 유지하고 있으며, 옆구리를 훤히 드러내놓고 있는 이 10원짜리 과자는 물가에 내놓은 어린아이처럼 불안한 상태다. 이제 초코샌드 형태의 10원을 세탁기에 넣고 세제를 풀었다고 가정해보자. 세제의 성분 중 하이포아염소산(HClO)은 알루미늄을 쉽게 산화시키고, 갈 곳 잃은 위/아래 샌드(구리)는 세탁기에서 세제와 직접 만나게 된다. 더욱이 이 구리판은 매우 얇은 상황이다. 따라서 구리판의 산화 역시 가속화될 수밖에 없다. 구형 10원이 합금도 아닌 현재 모습으로 변함에 따라 세탁기는 '동전 잡아먹는 괴물'이라 낙인이 찍히게 되었다. 이로써 우리는 '튼튼함과 견고함을 잃은 동전은 더는 동전이 아니다'라는 사실을 알게 되었다.

아무것도 모를 때는 뭐든지 쉽다. 마음을 먹기도 쉽고, 그에 따른 계획을 세우는 것 또한 무척 쉽다. 그런데 쉽게 얻은 건 쉽게 잃어버린다고 하지 않던가? 초심, 처음에 마음 먹은 대로 잘 된다면 얼마나 좋을까? 본인의 의지가 약해지건, 외부 환경이 변하건 처음의 마음은 흔들릴 수밖에 없다. 그런데 만약 튼튼한 기둥이 되어줄 수 있는 요소가 하나라도 있다면 어떨까? 다른 건 다 버려도 이것만은 절대 안 돼 하는 그런 요소 말이다. 그러면 건물이 흔들리고 유리창이 깨지며 벽이 무너져내린다 해도 적어도 건물의 형태만은 유지할 수 있을 것이다.

4

백색의 외톨이

새하얀 피부의 딱밤 피해자

딱! 묵직한 소리와 함께 눈에서 반짝이는 물방울이 주르륵 흘러내린다. 불상의 미간 한가운데 움푹 팬 구멍을 두고 내기를 벌인 이의 처참한 최후라고나 할까? 불상을 제작할 때부터 구멍이 존재했다고 하는 선천적 발생설과 누군가 나중에 파낸 것이라 주장하는 후천적 발생설이 팽팽하게 맞섰지만, 이 논쟁은 인터넷 검색 한 번으로 종지부를 찍고 말았다.

승자는 후천적 발생설을 주장한 이에게 돌아갔다. 그는 '인간의 욕심'을 믿고 있었다. 불상 제작자는 부처님만 갖는다는 32가지 특징 중 '미간백호상'을 상징하기 위해 이마에 반짝이는 수정을 박

189

아 넣었으나 그 의도와 노력을 알 리 없는 욕심 많은 하이에나들이 인간의 탈을 쓰고 갈취해 간 것이다. 이마에 커다란 혹이 솟아오른 패자는 국립춘천박물관의 유일한 국보인 '강릉 한송사지 석조보살 좌상'과 함께 얼얼한 아픔을 공유할 수밖에.

그런데 사실 이 불상에게는 일반인이 알지 못하는 아픔이 하나 있었다. 비록 내기에서 패배한 탓에 이마가 부풀어 올랐지만 내기를 함께할 친구가 있는 사람으로선 상상조차 할 수 없는 아픔이었다. 정체는 바로 '깊은 외로움'이었다.

그의 슬픔은 외톨이로 살아온 삶에서 비롯되었다. 주변과 다른 피부색을 갖고 있다는 이유로 따돌림을 당한 세월만 천 년이 넘고, 하나뿐인 형제와 생이별을 한 것도 모자라 독특한 외모 때문에 일본으로 납치되어 50여 년간 감금당한 채 살아야 했으니…. 그 한을 어찌 다 이해하고 헤아릴 수 있을까?

이 모든 일의 발단은 그의 피부가 새하얗다는 데 있었다. 하지만 그는 자신의 유별난 특징을 업보라 여기며 긴 세월 홀로 외로움과 싸웠다. 그 어떠한 불만도 드러내지 않았다. 황인종이 점령한 동북아시아에서 태어난 백인종은 이런 식으로 왕따가 되어 생활에 적응해나갔다.

매우 안타깝고 안쓰러운 일이다. 그를 위해 우리가 해줄 수 있는 것은 무엇일까? 아무리 생각해보아도 그의 뿌리를 찾아주는 것만큼 좋은 일은 없는 듯하다.

나의 살던 고향은 어디에

앉은키가 자그마치 92센티미터나 되는 '강릉 한송사지 석조보살좌상'은 피부가 새하얗다는 이유로 '백옥불(白玉佛)'이라고도 불린다.

잠깐, 백옥(白玉)이라 하면 우리가 떠올리는 그 유명한 흰색 옥일까? 최고의 퀄리티인 경우 사탕 한 알 크기에 수만 원을 호가하며, 1킬로그램당 적게는 수십만 원, 많게는 수천만 원이 나간다는 그 '연옥(軟玉)'을 말하는 것인가?

⁇ 칼슘과 마그네슘이 풍부한 각섬석, 녹섬석입니다. 휘석의 일종인 경옥과 함께 비취(玉)라고 불리는 두 보석광물 중 하나입니다. 연옥 비취는 주로 회색과 녹색이 많고, 더 흔합니다. 경옥 비취는 검은색, 붉은색, 보라색 등도 있으며 더 희귀하지요.

만약 그렇다면, 불상의 크기를 생각했을 때 수백 킬로그램은 충분히 나갈 테니 재료값만 하더라도 수억에서 수십억인 셈이다. 거기에 더해 불상에 조각을 하고 종교적인 의미까지 부여하면 대한민국 강남의 노른자 땅에 세워진 웬만한 건물과는 비교도 안 될 만큼 천문학적인 금액이 산출될 것이다.

물론 순수한 불심으로 대동단결한 이들에게는 이런 현실적인 계산법이 마음에 들지 않을 것이다. 하지만 우리의 이야기는 지극히 과학적인 관점에서 진행되는 것인 만큼 어느 정도 아량을 베풀어보자.

그렇다면 그들은 정말 백옥으로 백옥불을 만들었을까? 한 해 운용 가능한 예산을 모조리 쏟아 붓는다 해도 만들어낼 수 있는 건 한 학교의 학생 수보다 못할 텐데…. 대답은 "No!"이다. 백옥불은 이름과 달리 백옥으로 만들지 않았다. 아니, 백옥으로 만들 수 없었다. 붕어빵과 잉어빵에 붕어나 잉어가 들어가지 않는 것과 마찬가지다. 그렇다면 이 불상에는 백옥 이외의 다른 무엇인가가 재료로 들어간 게 분명하다.

백옥불의 비밀을 파헤치기에 앞서 백옥이란 단어의 사전적인 정의부터 살펴보자. 다음은 〈미술대사전(용어 편)〉에 기록된 내용이다.

1. 연옥의 일종으로 옥기의 대표적인 소재이며, 순백색 반투명의 아름다움으로 가장 중시됨.
2. 순백색의 결정질 석회암으로서 대리암(대리석)과 동질인

변성암. 예로부터 조각, 건축 용재로 사용됨.

유레카! 드디어 백옥불의 정체를 밝혀냈다. 백옥은 바로 '순백색의 결정질 석회암(石灰巖)'이자 '변성암(變成巖)'의 한 종류인 '대리암(大理岩)'이었다.

> ⁈ 탄산칼슘을 주성분으로 하는 퇴적암입니다. 백색, 회색 또는 암회색, 흑색을 띱니다.
>
> ⁈ 이전에 있었던 암석, 즉 모암이 '형태의 변화'를 뜻하는 변성작용을 받아 변화되어 만들어진 암석입니다.
>
> ⁈ 대부분 방해석(calcite)으로 구성되어 있는 석회암(limestone)이나 백운암(dolomite)이 재결정화되어 생긴 변성암의 한 종류입니다.

껄끄러운 첫 대면

"대리석? 대리암? 왜 책마다 표현이 다르지? 헷갈리게."

백옥과의 대면은 이렇듯 첫 만남부터 매끄럽지 않다. 과학 시간에는 분명 암기를 위한 방책으로 '광물(鑛物)이면 ○○석이요, 암석(巖石)이면 ☆☆암'이라고 배웠다. 올바른 암기법은 아니었지만, 아주 틀린 표현도 아니므로 이 부분은 패스. 이제 암석을 구성하는 30여 가지 주요 광물의 이름을 살펴보자. 장석, 휘석, 각섬석, 감람석 등

> ⁈ 자연산 무기물로서 결정의 구조가 규칙적이고 화학 구성이 명확한 고체를 뜻합니다. 암석을 구성하는 단위입니다.
>
> ⁈ 광물이나 조암 광물이 자연적으로 모여 이루어진 고체입니다. 우리말로 돌, 바위(큰 돌을 이름)라고 하며, 한자어 암석(巖石)은 문자 그대로 바위와 돌이라는 뜻입니다.

온갖 '석'들로 넘쳐난다.

사전에서는 백옥이 암석의 한 종류라고 했다. 정확히는 변성암의 한 종류라고 설명해놓았다. 그러면 대리석은 잘못된 표현이고, 대리암이 올바른 표현인 셈이다. 이런 현상은 건축 재료로서의 광물과 암석을 비교하는 것 자체가 무의미하기에 벌어진 일종의 해프닝이다. 건설 현장에서는 돌로 된 재료라는 의미를 갖는 '석재'만이 중요하기에 대리'암'보다 대리'석'이라는 표현이 디욱 와 닿았을 것 아닌가? 그러나 우리는 지금 역사와 과학을 함께 공부하는 열혈 학습자로서 두 가지 옵션 중 '대리암'을 선택하려 한다.

이제 다시 사전적 의미로 돌아가자. 백옥의 두 번째 뜻은 크게 '순백, 결정(結晶, crystal)질, 석회암, 변성암'이라는 네 가지 키워드로 이루어졌다. 좀 더 쉽게 이해하기 위해 키워드를 두 팀으로 나눠 접근해보자. '순백과 석회암' 그리고 '결정질과 변성암'이다.

우선 1팀인 순백과 석회암부터 살피자. 우리는 이미 어느 정도 예측하고 있다. 탄산칼슘으로 구성된 석회암은 구성 성분의 고유 색감으로 인해 흰색 계열의 색깔을 나타낸다는 것을 말이다. 또한, 탄산칼슘과 함께 약간의 불순물이 포함되어 있다면 그 불순물의 구성 성분이 갖는 고유 색감이 점점 빛을 발하게 될 것이다. 흑연과

?! 원자의 배열이 공간적으로 반복된 패턴을 가지는 물질입니다. 액체를 냉각시키면 분자들의 운동이 느려지다가 마침내 어떤 온도 이하에서는 분자들이 일정한 배열을 이루게 되고 자유로이 돌아다닐 수 없게 되는데요. 이런 분자(또는 원자)들의 규칙적인 배열의 결과 평면으로 둘러싸인 모양을 갖게 된 균일한 물질을 결정이라고 합니다.

같이 검은 색감의 탄화물(C)이 포함되어 있다면 회색 혹은 흑색을 보일 테고, 산화철(Fe_2O_3)이 끼어 있다면 붉은 색을, 그리고 더 나아가 산화철에 물 분자들까지 합세($Fe_2O_3 \cdot nH_2O$)하면 갈색 비슷한 누런색을 드러낸다.

따라서 '백옥의 순백'이라는 특징은 극소량의 불순물조차 허용하지 않는 탄산칼슘 덩어리, 즉 순수한 석회암이 준비되어 있을 때만 가능하다. 그런데 이 순백의 석회암이 갖는 영향력은 실로 상상을 뛰어넘는다. 단적인 예가 백악기와 크레타섬이다. 공룡이 뛰어놀던 중생대 말 백악기(cretaceous period)와 그리스 문명의 발상지인 크레타(creta)의 철자를 보면 '백악(creta, 라틴어)'이라는 겹치는 부분이 있다. 백악기 지형과 마찬가지로 크레타섬 역시 지중해에 있는 새하얀 석회암 지대로 인해 이런 명칭이 붙었다. 새하얀 석회암 덩어리는 이렇듯 지구의 특정 시기와 인류 문명의 시작을 정의할 만큼 영향력이 막강했다.

하지만 섣부른 자만은 금물이다. 우리의 공부는 이제 겨우 준비단계가 끝났을 뿐이다. 최종 제품을 성공적으로 뽑아내려면 '결정질과 변성암'으로 구성된 2팀의 역할이 더욱 중요하다.

아주 먼 옛날, 바다 깊은 곳에 존재하던 지금의 유럽 대륙에는 탄산칼슘들이 두껍게 쌓일 수밖에 없는 구조였습니다. 이후 물살에 힘입어 탄산칼슘 층의 위에는 수많은 쇄설성 퇴적물이 놓였고, 오랜 세월 받은 압력으로 인해 탄산칼슘 층은 뽀얀 석회암 층으로 다시 태어났습니다. 유럽인들은 이러한 석회암 층이 유독 많이 형성된 시기를 가리켜 '백악'이라 불렀고, 이 용어는 전 지구에 통용되는 단어가 되었습니다.

달콤한 사탕에게 배운다

"아, 맛있다. 스트레스 푸는 데엔 사탕만 한 게 없지. 야! 나처럼 빨아먹어야 오래 먹지, 그렇게 와자작 씹어 먹으면 금방 없어지잖아!"

여러분은 '설탕이나 엿 따위를 끓였다가 식힌 결정체 덩어리'인 사탕을 와자작 깨물어 먹는 친구가 통 마음에 들지 않는다. 그러나 그것도 잠시, 친구의 힘찬 씹기 운동은 여전히 건재한 여러분의 사탕 앞에서 그만 동력을 잃어버린다.

"너는 아직도 먹냐? 괜히 깨물어 먹었어. 지금이라도 다시 붙이면 사탕 녹는 속도를 제어할 수 있을까?"

친구는 열심히 혀를 굴려 사방에 흩어진 사탕 입자들을 모았다. 36.5℃의 열과 입 속의 촉촉함에 힘입어 사탕 입자들은 '다시는 떨어지지 말자'고 다짐하듯 서로 부둥켜안았다. 하지만 이들의 노력은 수포로 돌아갔다. 입자들 틈새에 끼어 있던 상당량의 수분, 즉 '침'을 간과한 것이 그 원인이었다. 틈새의 수분을 잊은 자에게는 함께하는 미래가 보장될 수 없는 모양이다. 여러분은 침을 질질 흘리며 다른 사탕을 찾아 두리번거리는 좀비에게 이렇게 말한다.

"쯧쯧. 사탕 하루 이틀 먹냐? 열만 주면 뭐하나. 혀로 강하게 밀어 붙였어야지. 공장에서 사탕을 어떻게 만드는지 상상해봐. 열과 압력이 동시에 주어져야 되지 않겠냐?"

사탕의 달콤한 맛을 오래 즐기는 방법은 석회암의 새하얀 아름다움을 오래 간직하는 방법과 동일했다. 이른바 '재결정화(再結晶化, recrystallization)'이다. 재결정화란 미세한 입자들이 마그마의 열과 지각의 압력을 받아 자신의 몸집을 키워가는 과정을 이른다. 주변의 쓸모없는 재료들은 다 밀어내고 자신의 영역을 점차 넓혀가는 과정이라 생각하면 이해가 빠를 것이다.

?! 소량의 불순물이 섞여 있을 때 이를 제거하는 방법입니다. 고체 물질을 고온으로 녹인 다음 냉각시키면 용해도의 차이에 의해서 물질의 결정이 각각 다른 온도에서 생기는데 이를 거름종이에 거르면 서로 분리되지요.

✠ 대리석 조각

더욱이 이 작업은 철저하게 자신들만을 위한 영역 확보가 주 목적이기에 비록 한 몸이 되지 못한 이들 사이에서도 최소한의 빈틈만 허락하기 마련이다. 극미량의 빈틈은 이들로 하여금 빽빽한 결정 형태를 이루도록 도와주었고, 비결정질의 석회암에게는 결정질의 대리암이 될 수 있는 기회를 주었다.

대리암은 자신이 얻은 기회를 오랜 지속성과 아름다움으로 발현했고, 인류의 예술적인 진보를 위해 기꺼이 헌납했다.

그 결과, 대리암의 예술적 수혜자들이 엄청 배출되었다. 그들은 세계 각국에서 대리암의 은혜를 설파했고 이 물결은 고려라는 이름의 작은 땅까지 흘러들었다. 그러나 이것으로 끝이었다. 동해를 넘어가기에는 물결의 힘이 너무도 미약했던 탓이다. 반면 동해

건너 섬나라에서는 이 은혜의 물결을 집어삼키기 위한 탐욕의 물결이 일렁이기 시작했다.

코리언 대리암

일본의 기상학자 와다 유지(和田雄治, 1859~1918)는 조선 땅에 들어온 다음부터 독특한 취미를 하나 갖게 되었다. 바로 조선의 문화재들을 본국으로 빼돌리는 것이었다. 본인은 합당한 비용을 지불했다고 주장했지만 이는 어느 모로 보나 명백한 도둑질이었다.

"여기 강릉 땅에 새하얀 대리암으로 만든 불상 하나가 있다고 하기에 먼 곳까지 고생해서 왔건만, 기껏 찾은 게 딸랑 이거 하나란 말인가. 머리랑 팔 없는 돌덩이가 웬 말이냐. 오늘 하루 공쳤구만!"

그때 누군가가 그의 축 늘어진 어깨를 툭툭 건드렸다. 마을 주민으로 보이는 순박한 남자가 근심 가득해 보이는 그에게 놀라운 이야기를 들려주었다.

"뭐라고? 이거랑 똑같은 외모를 지닌 불상이 하나 더 있다고? 이게 웬 횡재란 말인가! 내가 톡톡히 사례할 테니 좀 찾아줄 수 있겠나?"

그로부터 6개월 뒤, 마침내 기쁨의 종소리가 울려 퍼졌다. 부푼 가슴을 안고 달려간 그곳에는 멀쩡해 보이는 새하얀 불상이 놓여 있었다. 이마에 있는 '딱밤의 흔적'만 제외하면 그야말로 완벽 그

자체였다. 그는 소정의 비용을 지
불하고 나서 멀쩡한 불상과 함께
바람처럼 사라졌다. 머리와 팔이
없는 불상만 그 자리에 남겨둔 채
로 말이다.

이후 50여 년이 지난 1965년,
기다리고 기다렸던 일본과의 '문
화재 협정'이 비로소 체결되었다.
일본 제국의 식민지에서 납치됐
던 불상은 반백 년이 지나서야 겨
우 고향 땅을 밟을 수 있었고, 이

❋ 한송사 석조보살좌상(국보 제124호)

로써 불상 형제의 눈물 겨운 이산가족 상봉이 이루어지는 듯했다.

그러나 안타깝게도 그들의 만남은 끝내 성사되지 못했다. 하나
는 '국보 124호', 또 다른 하나는 '보물 81호'라는 이름표만 품에 간
직한 채 또 다시 흐르는 시간에 운명을 맡기고 있다. 국립춘천박물
관과 강릉시립박물관에는 여전히 서로를 그리워하는 '쌍둥이 대리
암' 불상이 하나씩 자리 잡고서 자신의 피붙이를 기다리고 있다.

누구나 말 못할 사연 하나쯤은 품고 있는 게 인생이라지만, 한
송사 석조보살좌상의 삶은 참으로 기구했다. 하긴 이게 어디 대리
암 불상만의 일이었을까? 나라를 송두리째 빼앗겨버린 우리 선조
들의 공통된 한이었을 것이다.

5장

조선

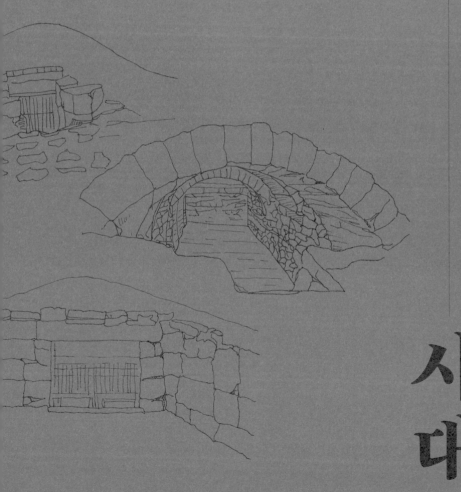

시대

1

조선 미라의 탄생

옛 것은 좋은 것?

"대신들은 의견 좀 내보시오. 선왕이신 내 아버지의 능을 만들어야 하는데 어떤 것이 좋겠소? 그대들을 위해 두 가지 샘플을 준비했으니 이 중에서 골라보시오."

조선의 건국자인 태조 이성계의 능을 고르느라 고민에 빠진 아들 태종 이방원. 그는 신하들에게 '돌'과 '석회(石灰)'라는 두 가지 옵션을 던져주었다. 관 주변을 돌로 감싸느냐, 석회로 감싸느냐의 문제였다. 두 부류로 나뉜 신하들은 목

> ?! 칼슘이 들어 있는 무기 화합물을 가리키는 용어입니다. 탄산염, 산화물, 수산화물이 가득한 물질로 라임(lime)이라고 부르기도 하는데, 생석회와 소석회를 총칭하는 표현입니다.

에 핏대를 세워가며 저마다의 의견을 제시했다. 돌을 지지하는 무리 중 하나가 먼저 입을 열었다.

"전하, 뭐니 뭐니 해도 옛 것만큼 좋은 것은 없습니다. 아뢰옵기 황공하오나 고민하지 마시옵고 그냥 이전처럼 돌을 그대로 쓰시지요."

태종은 눈을 감고 가만히 고개를 끄덕였다. 공자가 말한 '온고이지신(溫故而知新)'을 그가 모를 리 없었다. 그러나 마음 한구석에서 여전히 새로움을 추구하고픈 욕망이 꿈틀거렸다. 그때, 답답한 속마음을 달래줄 시원한 단비가 내렸다.

"전하, 하나만 알고 둘은 모르는 저 자의 말을 듣지 마시옵소서. 겉으로는 '유교의 가르침' 운운하지만, 정작 성리학의 정석인 『주자가례(朱子家禮)』에 '석회가 좋다'고 쓰인 것을 아는지 모르는지 일언반구가 없지 않습니까? 어느 세월에 돌을 깎아서 묘에 쓴답니까? 그 비용은 누가 대고요? 요즘 대세인 격식 있는 석회를 적극 활용해보심이 어떨까 하옵니다."

어느새 궐 안은 첨예하게 대립하는 의견을 주고받느라 후끈 달아올랐다. '돌이냐 석회냐'로 시작된 논쟁은 기어이 인신공격과 상대방에 대한 비난으로 이어졌다. 고민을 해결하기는커녕 새로운 고민까지 떠안게 된 태종은 점술가의 힘을 빌려보기로 했다.

"그만들 하시오! 경들의 이야기를 계속 듣다가는 멀쩡한 나까지 무덤에 드러눕겠소. 종묘에 가서 점을 쳐봐야겠으니 당장 양녕대군을 들라 하시오!"

태종은 결단의 화살을 큰아들에게 돌렸다. 아버지의 명을 받고 단숨에 종묘로 날아갔던 양녕대군은 얼마 후 '돌'이라 적힌 점괘를 품에 안고 돌아왔다.

논리라고는 눈곱만큼도 없는 대신들에게서 이성적인 해답을 요구할 수는 없는 일이다. 결국 이성(理性)이 아닌 운(運)에 사활을 걸었던 그들은 이로부터 60여 년 뒤 또 한 번의 동일한 상황을 맞이하게 된다. 이번엔 앞선 태종의 손자이자 카리스마로 따지자면 할아버지 못지않았던 세조가 주인공이었다. 그는 병상에 누워 신하들에게 마지막 말을 전했다.

"여봐라, 내 목숨이 앞으로 얼마 남지 않은 것 같구나. 유언을 할 테니 잘 받아 적거라. 내가 지금껏 검소와 절약을 강조했다는 건 모두가 잘 알 터이다. 그래서 말인데 나는 죽어서도 이 이미지를 이어가고 싶다. 앞으로 우리 왕실 사람들 무덤을 꾸밀 때는 돌 깎느라 쓸데없이 돈 버리지 말고 석회가루를 뿌려 채워 넣어라. 과거 나의 할아버지 태종 대왕께서 목조 대왕(태조 이성계의 4대조)의 능을 재단장하실 때 석회가루를 썼다고는 하나 그건 단지 신하들에게 보여주기 위함이 아니었더냐! 새로운 조선은 지금 이 순간의 나로부터 시작될 것이다. 나는 기필코 내 할아버지도 이루지 못한 대업을 이루고 말 것이다. '행동력'에 관한 한 단연 넘버원인 내가 물꼬를 트지 않으면 누가 하겠나? 잔소리들 하지 말고 바로 시행하거라!"

여전히 베일을 벗지 못한 목조 이안사와 그의 부인 효공왕후의

무덤을 제외하고 공식적으로 첫 번째 석회 무덤이 탄생하는 순간
이었다. 이처럼 석회 물결과 함께 한반도에 상륙한 중국의 주자학
은 이후 조선의 거의 모든 것을 지배하는 이데올로기가 되었고, 왕
족을 비롯한 많은 양반들은 흥망성쇠를 거듭한 끝에 마침내 역사
의 뒤안길로 사라지게 된다.

시간 여행자의 운명

"여긴 어디? 왜 내가 이런 더러운 땅바닥에 누워 있는 거지? 양반
체면 다 구겨지네. 그리고 이자들은 대체 누구기에 나를 둘러싸고
있는 거야? 어허! 그 손 치우지 못할까! 감히 상놈 주제에 양반을
만지다니!"

오랜 잠에서 깨어난 성리학의 수호자는 자신의 고귀한 계급에 맞지 않는 대접에 적잖이 당황했다. 따뜻한 온돌방에 누워 비단으로 만든 이불을 덮고 있어도 시원찮은 마당에 차디찬 돌바닥이 웬 말인가? 게다가 한때는 자신의 그림자도 밟지 못했던 하찮은 족속들 틈바구니에서 손가락질이나 당하는 신세라니! 이런 기막힌 상황을 다 봤나!

분노에 찬 그는 다시금 목소리를 높였다. 웬일인지 아무도 대꾸하지 않는다. 아무 소리도 들리지 않는 듯 무시하는 모습에 피가 거꾸로 솟았지만 불행히도 그가 할 수 있는 건 아무것도 없었다. 그러나 눈을 감은 지 몇 시간밖에 되지 않았다는 건 본인만의 주관적인 시간 감각이었다. 그가 속했던 계급사회가 공식적인 종언을 고한 지도 어언 100년. 그는 더 이상 예전의 귀한 존재가 아니었다. 심지어 이미 수백 년 전 인간으로서의 삶을 은퇴한 뒤였다. 그는 이제 과거에서 날아온 '시간 여행자'이자, 석회 무덤에 누워 있는 '격식을 갖춘' 시체이며, 2017년 문화재청이 밝혀낸 59구의 '미라' 중 하나였다.

고대 이집트 신화에 나오는 창조의 신 프타(Ptah)의 황금 마네킹 속에서 얌전히 누워 있는 붕대 귀신이 아닌, 어떤 이유로 인해 자연적으로 썩지 않게 된 불행한 존재일 뿐이다. 그들은 수백 년 전에 존재했던 나라 조선에서 백성들의 고혈을 빨아먹던 양반들이었다. 죽으면 흙으로 되돌아가는 자연스러운 우주의 원리가 이들을 피해간 것인데, 그들은 어찌하여 자연과 하나가 되지 못하는 저주에 빠졌을까? 살아 있을 때 백성에게 저질렀던 수많은 악행의 결과로 받은 업보인가, 아니면 평생 '삥' 뜯은 재물을 차마 두고 갈 수 없어서 죽음의 신과 계약이라도 맺은 것인가?

글쎄, 당시의 그들과 맞닥뜨린 적이 없으니 정확한 내막은 알 길이 없다. 하지만 우리에겐 논리적이고 합리적인 과학 지식이 있다. 지금부터 아무도 타박할 수 없는 합리적인 추정을 시작해보자. 앞에서 석회의 특성을 이해한 여러분에겐 충분히 가능한 일이다.

죽음의 사자를 막아낸 수문장

2013년 어느 무더운 여름 날, 대전의 국립중앙과학관 근처에 사람들이 모여들기 시작했다. 서울에서 2시간 넘게 차를 달려 내려온 이들과 부산에서 KTX를 타고 올라온 이들이다. 비록 출발지는 달랐지만 그들은 공통적으로 손에 무엇인가를 들고 있었다. 모종의 기획전을 알리는 팸플릿이었다. 방학을 맞은 아이들에게 좋은 경험을 시켜주리라 다짐하고 전국 각지에서 모인 부모들은 뜨겁게 달궈진 아스팔트길을 서둘러 걸었다.

드디어 행사가 시작되었다. 발표자는 자신의 연구 결과를 관객과 공유하기 시작했고, 믿지 못할 정도로 놀라운 모습에 장내는 매 순간 탄성 소리로 가득 찼다.

"우와! 무덤에 물을 뿌리기만 했는데 저렇게 뜨거워진다고? 내

207

눈으로 직접 보는데도 믿기지 않네!"

석회로 둘러싼 무덤에 죽은 쥐를 넣은 뒤 시간에 따라 온도의 변화 과정을 살피는 시간이었다. 딱히 열을 가하지 않았는데도 2시간 동안 100℃를 넘어서는 고온의 향연이 이어졌다. 심지어 무덤 안에 넣어둔 쥐의 사체에는 조그마한 손상조차 없었다.

마법과 같은 과학 체험을 하게 된 관객들이 찾은 곳은 다름 아닌 '조선의 미라'에 대해 과학적으로 접근하는 자리였다. 바로 〈과학, 미라를 만나다〉라는 이름의 행사장이었다. 한마디로 죽음의 사자와 당당히 맞선 석회 무덤의 미스터리를 파헤쳐보는 것이 이 행사의 목적이었다.

이 놀라운 상황은 결코 만들어진 연출이 아니었다. 비밀의 열쇠는 다름 아니라 '물을 흡수하면서 고열을 발생시키는 석회'가 쥐고 있었다. 쥐의 사체를 자연으로 돌려놓으려는 죽음의 신은 미생물이라는 이름의 사자(使者)를 내려보냈지만 물을 무기로 쓰는 석회라는 수문장이 그 사자들을 무참히 태워 죽인 셈이었다. 과학자들은 이 미스터리한 사건을 그들의 언어를 통해 다음과 같이 기록했다.

$$CaO + H_2O \rightarrow Ca(OH)_2 + 열$$
해설 : 석회가루(산화칼슘)가 물을 만나니 수산화칼슘이라는 자연에 익숙한 물질로 바뀌게 되는데, 이때 조건을 잘 맞추면 200℃에 달하는 아주 강력한 열이 발생한다.

과학자들의 노트 뒷장에는 다음과 같은 기록도 있었다.

$$Ca(OH)_2 + CO_2 \rightarrow CaCO_3 + H_2O$$

해설 : 수산화칼슘 가루를 공기 중에 방치하여 이산화탄소와 만날 환경을 조성해주면 탄산칼슘($CaCO_3$)을 얻어낼 수 있는데, 이는 단단한 덩어리의 형태를 띠고 있다.

강력한 열을 발생시켜 미생물을 죽이는 것도 모자라 공기 중에 가만히 놔두면 돌덩어리처럼 단단해진다니! 상상해보자. 만약 여러분이 무덤을 꾸미려는 조선의 사대부라면 다음의 두 가지 경우 중 어느 쪽을 선택할 것인가?

1. 돌덩이들을 규격에 맞춰 정성스레 깎은 뒤 이들을 아귀가 딱딱 맞도록 배치하는 것
2. 대충 땅을 판 뒤 빈틈에 석회가루를 뿌려 넣은 채 방치하는 것

2번을 선택한 당신은 유교적인 마인드가 장착된 조선 양반의 후손임이 분명하다. 조선의 양반들이 조상의 무덤을 꾸밀 때 정교하게 깎은 돌덩이 대신 석회를 사용했던 이유는 굳이 말하지 않아도 충분히 짐작할 수 있는 부분이다.

그런데 이 석회가루가 단단한 돌덩이로 변모하는 과정에서 마

음에 걸리는 점들이 있다. 혹시나 시신에 조금이나마 스크래치가 나지 않을까?, 단단하다고는 하나 미세한 수분 입자들이 비집고 들어가서 부패를 일으키지는 않을까? 하는 점들, 그리고 무덤 주변에서 강력히 세력을 확장하고 있는 나무 뿌리, 땅을 축축하게 적시는 수분, 셀 수 없을 정도로 다양한 벌레에 이르기까지 온갖 적들이 조상의 시신을 무차별하게 폭격할 준비를 끝마친 채 관이 묻히기만을 손꼽아 기다리고 있다는 점이다. 과연 석회는 이런 복잡한 상황에서 제 역할을 다할 수 있을 것인가?

주희, 마법의 가루를 소개하다

12세기 중국 남송의 어느 시골 마을에 웬 노인 하나가 찾아왔다. 인자하면서도 지적인 그의 외모에 마을이 술렁였다. 게다가 예의범절이 철철 넘쳐흐르는 몸짓은 존경심마저 자아냈다. 그를 만난 이들 중 고개를 숙이지 않는 자는 없었다.

"안녕하십니까, 저는 '주희'라는 학자입니다. 사람들은 저를 '회암 선생'이라 부릅니다. 이 못난 늙은이를 이렇게 환대해주시니 몸 둘 바를 모르겠습니다. 여러분께 드릴 수 있는 것은 제 부족한 식견뿐인 점을 양해해주시기 바랍니다. 궁금하신 점이 있다면 주저하지 말고 질문해주세요. 제가 아는 한도 내에서는 최대한 정보를 제공해드리겠습니다."

웅성거리는 틈을 비집고 어린 소년이 앞으로 나왔다. 한눈에 척 봐도 소년은 어디서인가 펑펑 울고 온 듯했다. 아이는 울먹이는 입술을 꼭 깨물며 노인에게 말을 건넸다.

"저희 할아버지가 돌아가셨는데 저는 그분을 떠나보내고 싶지 않아요. 제 곁에서 영원히 함께하셨으면 좋겠는데 무슨 방법이 없을까요? 소문에 듣자 하니 먼 나라에는 시신을 오랫동안 썩지 않게 보관하는 비법이 있다고 하던데요."

노인은 소년의 손을 꼭 잡은 뒤 눈가에 맺힌 눈물을 닦아주며 책 한 권을 건넸다. 겉장에는 '주자가례(제4권)'라는 글씨가 희미하게 적혀 있었다. 노인이 펼친 페이지에는 다음과 같은 문구가 적혀 있었다.

○ **석회 무덤 만드는 비법**

1. 땅파기
2. 바닥에 숯가루 깔기
3. 그 위에 '마법의 가루' 깔기
4. 그 위에 얇은 판으로 관이 놓일 공간 만들기
5. 관 내려놓기
6. 사방을 '마법의 가루'로 뒤덮기

가여운 소년을 위해 주름이 가득한 손으로 각각의 순서를 짚어주던 노인은 3번과 6번을 가리켰다. 노인의 눈은 이글거리고 있었다. 소년은 침을 삼키며 그의 입에서 나올 말을 기다렸다.

"애야, 이 마법의 가루가 뭔지 아니? 이건 말이야. 석회가루, 모래, 황토 이 세 가지 물질이 3:1:1의 비율로 잘 섞인 혼합물이란다. 잘 기억해둬라. 만약 이들 재료에서 비율이 살짝이라도 어긋나면 절대 네가 원하는 바를 이루지 못할 거야."

소년은 눈을 깜빡이며 고개를 끄덕거렸다. 그의 머릿속엔 의도치 않게 얻게 된 과학적인 호기심들이 어느새 슬픔을 밀어내고 있었다.

세 가지 물질의 만남

성리학의 여러 이론을 집대성한 '주자'는 인류가 발견해낸 마법의 가루를 그의 저서에 고스란히 기록했다. 사실 마법의 가루, 즉 '삼물(三物)'은 이름 그대로 세 가지 물질이 뒤섞인 혼합물에 지나지 않았다. 인류가 '어떻게 하면 값비싼 석회를 덜 쓸 수 있을까?' 하고 고민한 끝에 얻은 결과물일 뿐이다.

석회로 통하는 일명 산화칼슘(CaO)은 예로부터 탄산칼슘($CaCO_3$)이 50퍼센트 이상 포함된 석회암에서 얻는 것이 일반적이다. 바다에 떠다니는 탄산칼슘 분자들을 흡수하여 제 껍데기로 활용하던 조개들이 세월의 풍파를 맞아 바다 깊숙한 곳에서 쌓이고 쌓인 것들의 집합체가 바로 석회암 지대의 정체다. 바다 속에서 생물체가 머무른 지도 어언 수억 년이 지났으니, 상식적으로만 접근해봐도 엄청난 양의 석회암이 지구 곳곳에 분포하리라는 것은 충분히 예상 가능하다. 우리가 밟고 있는 이 땅, 한반도에도 무려 3,000년 동안 쓸 수 있는 206억 톤의 석회암이 매장되어 있을 정도라고 하니 실로 대단한 양이다.

그런데 이해되지 않는 부분이 있다. 공급량이 차고 넘치면 당연히 가격이 내려가야 한다. 하지만 석회암에서 얻어낸 산화칼슘은 비싸다고 알려졌다. 왜 이렇게 인식하게 된 것일까?

이유는 의외로 간단하다. 매장량이 많아도 캐내기 어렵다면 노동력이라는 요소가 추가로 포함되기에 비싸질 수밖에 없다. 퇴적암 층의 상당량이 석회암이라 해도 다른 지층에 뒤덮인 것이 대부분인 상황에서 수많은 지층을 걷어내고 석회암만 캐낸다? 이것은 쉬운 일이 아니다. 게다가 설령 석회암을 얻어냈다 해도 그 안에서 산화칼슘만 뽑아내려면 주변 공기가 차단된 상태에서 650℃ 이상

✤ 최종 버전 시멘트

의 고온으로 몇 시간 동안 가열해야 한다.

$$CaCO_3 \rightarrow CaO + CO_2 \text{ (with 진공, 열)}$$

당시로서는 기적과 같은 이러한 조건을 과연 어떻게 맞출 수 있었을까? 이것이 가능한 사람이 과연 몇 명이나 되었을까? 코딱지만 한 비용으로 구입하는 것이 가능이나 했을까? 상당한 노동력을 필요로 했으니 값이 비싸져도 어쩔 수 없었을 것이다. 그런 비싼 석회가루를 무분별하게 쓸 수 없는 것은 당연한 노릇이다. 결국 인류의 조상들은 다른 재료를 섞어 석회의 사용량을 줄여보기로 했다.

값이 저렴하면서도 석회의 본래 특성을 최대한 살릴 수 있는 재료를 찾아 나선 인류는 모래와 황토(흙)라는 흔한 물질을 가지고 돌아왔다. 그러고는 이들의 조합과 비율을 조금 더 다듬고 개선했다. 이렇게 나온 최종 버전이 바로 현대의 '시멘트(cement)'와 '콘크리트(concrete)'다. 지금 우리 주변을 뒤덮고 있는 벽면이 이미 오래전부터 고안된 재료의 진화 버전이라니! 그렇다면 우리는 조상 인류 덕분에 웬만한 태풍에도 끄떡없는 공간에서 일상을 누리게 된 것이다.

건축이나 토목 재료로 쓰는 접합제입니다. 석회석과 진흙과 적당량의 석고를 섞어 이긴 것을 구워서 가루로 만듭니다.

시멘트에 모래와 자갈, 골재 따위를 적당히 섞고 물에 반죽한 혼합물입니다. 만드는 방법이 간단하고 내구성이 커서 토목 공사나 건축의 주요 재료로 씁니다.

완벽한 조미료

"딱딱한 과학책은 아무래도 재미가 떨어진단 말이지. 재미만 더해주면 최고일 텐데. 아쉽다."

어떤 독자들은 이런 생각을 하고 있을지도 모른다. 옳은 지적이다. 유익한 내용만 가지고는 독자들을 사로잡는 데 분명 한계가 있다. 독자들을 완벽히 사로잡으려면 메인 아이템 외에 소소하지만 흥미로운 장치들을 배치해두어야 한다. 과거 삼물로 뒤덮인 무덤 역시 이러한 진리에서 자유로울 수 없었다.

인류의 조상은 천년 동안 변하지 않을 완벽한 무덤을 위해 '숯가루'라는 조미료를 선택했다. 앞서 회암 선생은 그에 대한 놀라운 효과를 자신의 저서에 기록해두었는데, 이 사실로 유추해보건대 혹시 그는 유학자를 가장한 과학자가 아니었을까?

숯은 첫째 나무뿌리를 막고, 둘째 개미를 피하며, 셋째 물의 침투를 방지한다. 죽은 물건이라 나무뿌리가 들어갈 생각조차 하지 않는 것이며, 이러한 특징들은 숯으로 하여금 땅속에서 천년 동안 변함이 없게 만들어준다._『주자가례 제4권』

첫 번째 효과인 나무뿌리 차단과 두 번째 효과인 벌레 막기는 나무토막이 숯이라는 검은 덩어리로 바뀌는 과정에서 날아가는 섬유질, 즉 셀룰로오스(cellulose) 덕분이었다. 분해되어 남아 있기라도 하면 영양분으로라도 쓰일 텐데 1000℃를 훌쩍 넘기는 불 속에 던져 넣으면서 공기까지 차단했으니 셀룰로오스가 영양가 하나 없는 탄소 덩어리로 변해버린 것도 이상한 일이 아니다. 주변에 이를 뚫고 지나갈 용기 있는 나무뿌리는 단 하나도 없었으며, 이는 살아 숨 쉬는 벌레들도 마찬가지였다.

> **?!** 포도당으로 된 단순 다당류의 하나입니다. 고등 식물이나 조류의 세포막을 이루는 주성분이고, 물에는 녹지 않으나 산에 의하여 가수 분해 되며, 화학 약품에 대한 저항성이 강합니다. 목재, 목화, 마류(麻類) 따위에서 채취하며 필름, 종이, 인조견, 폭약이 되는 나이트로셀룰로스 등의 원료로 널리 쓰입니다.

세 번째 효과인 물의 침투 방지! 이는 온갖 기체를 방출시켜버린 숯의 구조 덕분이다. 나무속의 물질들이 빠져나가면 어디로 나가겠는가? 그들만의 통로를 미리 만들어주는 친절함 없이는 나무 표면 전체가 그들의 비상 탈출구로 활용된다. 기체가 빠져나간 나무토막은 이렇게 하여 '숯'이라는 이름을 얻음과 동시에 수많은 미세 구멍들이 숭숭 뚫린 '스펀지'가 되어버린다. 미세 구멍들은 수분과 외부 공기를 흡수하느라 정신이 없으며, 그 덕분에 인류는 조상의 시신을 습기라는 강력한 적으로부터 막아낼 수 있었던 것이다.

삼물에 이어 숯가루까지! 시신의 훼손을 막기 위한 그들의 노력은 지금 우리에게 '조선 판 미라'라는 공포물을 선사해주었고, 그들은 자신들의 노력이 정작 관 속에 누운 조상들에게 저주로 작용됨을 전혀 알지 못했다. 마치 도로 위에 숨어 있는 소리없는 살인

✠ 회격묘(민속박물관)

자인 '싱크홀(sinkhole)'처럼 말이다.

> ?! 땅 표면이 여러 이유로 내려 앉아 땅 표면에 구멍이 나거나 커다란 웅덩이가 생기는 현상을 의미합니다. 발생 지역과 토양 성질이 다양해서 도시뿐만 아니라 농지나 평지, 산악지역에서도 발생합니다. 자연에서 흔히 발생하는 원인으로는 대부분 석회암 지대에서 석회가 물에 녹으며 지하에 공간이 생겨 지반이 무너지거나, 약한 지질의 지반 흙이 지하수에 쓸려가서 빈 공간이 생기며 지반이 무너지는 탓에 만들어지기도 합니다.

"밑바닥에 뭐가 깔렸든 그게 무슨 상관이야? 잔말 말고 그냥 덮어버려. 아스팔트 포장 도로 위를 쌩쌩 달리는 우리 경제를 생각해봐. 이 얼마나 아름답나?"

부국강병이라는 팻말만 보고 무턱대고 달리던 대한민국 땅의 경주마들. 그들은 석회암 지대 위에 번쩍거리는 아스팔트 도로만 놓을 줄 알았지, 석회암이 물에 취약하다는 특성 따위엔 관심조차 없었다.

또한 현대인들은 조선의 그들을 뛰어넘는 행보까지 보이기에 이르렀다. 물을 흡수하면 고열을 뿜어낸다는 석회가루의 원리, 박테리아를 포함한 여러 미생물을 처단해 시체마저 썩지 않도록 만들던 경험을 살려 이 재료를 돼지 살처분 현장에 투입한 것이다. 구제역과 아프리카열병에 시달리는 돼지들을 한 곳에 몰아넣고 생매장시킨 뒤, 소독을 한답시고 생석회(CaO)를 흩뿌리고 그 위에 물을 붓곤 했다.

과학적인 원리를 넘어서 이는 너무도 잔인해 보인다. 이래저래 머리를 굴려보다가 나온 최후의 방법이긴 하겠지만, 멀쩡히 살아 있는 존재들을 이산화탄소와 질소로 질식시키는 것도 모자라 이를 $200℃$의 고열로 지져대다니.

긴 세월이 지나 후대의 인류는 돼지 뼈가 화석으로 묻혀 있는 석회암 지대를 만나게 될지도 모른다. 그들은 지금의 우리가 얼마나 미개하다고 비웃을까? 아니, 석회암 층에서 왜 돼지뼈가 많이 출토되는지 그 이유조차 모를 것이다.

2

꿀벌과 이산화탄소

꿀벌의 선물

"여봐라, 이 기록들은 앞으로 천년, 만년 가야 할 우리의 소중한 자료들이니라. 썩지 않게 해야 되는 건 기본이요, 벌레가 좀 먹지 않아야 될 텐데. 무슨 좋은 방법이 없겠느냐? 해결책을 가지고 오는 자가 어찌 한 명도 없단 말이냐!"

　며칠 동안 잠을 이루지 못한 임금이 호통을 쳤다. 신경이 한껏 곤두서 있는 것 같았다. 자신을 비롯한 선조들의 업적을 기록해놓은 소중한 문서들 때문이었다. 아무리 정성껏 적어놓기만 하면 무엇하나? 아무리 시간이 많이 흘러도 처음 상태 그대로 유지되지 않는다면 아무 짝에도 쓸모없지 않은가? 임금은 자신의 대에서 이 문제를 해결하지 않으면 죽어서 선조들을 볼 낯이 없겠다 여겨 안달이 난 참이었다. 그러기를 몇 달째, 이번에도 틀린 것인가 싶어 백기를 올리려던 찰나 문밖에서 윙윙 소리가 들려왔다. 꿀벌이었다. 문틈으로 날아든 꿀벌 한 마리가 임금 앞에 살포시 내려앉았다. 꿀벌이 이렇게 이야기했다.

"임금님, 요즘 심각한 고민이 있다고 들었사옵니다. 제가 비록 인간의 몸도 아니요, 꿀벌 중에서도 허드레 일만 도맡아 하는 일벌에 지나지 않지만, 임금님의 걱정거리 정도는 해결해드릴 수 있을 듯하여 이렇게 찾아왔습니다."

말을 마친 꿀벌이 '끙' 하고 힘을 주며 아랫배를 힘껏 눌렀다. 그때다. 몸속에서 무언가 비늘같이 생긴 작은 고체 덩어리가 튀어나왔다. 땀을 닦아낸 꿀벌은 한 차례 깊은 한숨을 쉬며 임금에게 자신의 고체 비늘을 들이밀었다. 임금이 당황하여 말을 잇지 못하자 꿀벌이 설명을 계속했다.

"이것은 저희 꿀벌들이 집 지을 때 분비하는 '납질(蠟質)'이라는 물질입니다. 태어난 지 며칠 안 된 어린 일벌에게서만 나오는 아주 신비한 재료이지요. 이를 입에서 나오는 다른 물질들과 잘 섞어 집을 지으면 외부의 수분 침투를 막아줄 뿐만 아니라 반짝반짝 광택도 난답니다."

밀납의 성질이라는 뜻인데요. 지방과 비슷하며 물에 녹지 않고 유기 용매에만 녹으며 고급 지방산과 고급 알코올로 형성된 고형 에스테르입니다.

임금의 두 눈은 희망으로 이글거렸다. 그러나 안타깝게도 그

빛은 그리 오래가지 않았다. 꿀벌, 그 중에서도 일벌, 또 그중에서도 어린 나 이라니. 인간으로서 일말의 양심이 아 직 남아 있었던 그는 개인적인 목적을 위해 벌들을 생지옥으로 빠뜨릴 수는 없다고 생각했다. 주저하고 있는 임금 의 마음을 읽은 꿀벌이 날개를 힘차게

❋ 벌집과 일벌들

흔들며 날아올랐다. 그가 남긴 마지막 말은 다음과 같았다.

"아시겠지만 저희 꿀벌의 생사가 달린 문제이기에 직접 도와 드리는 것은 불가능합니다. 다만, 제가 드린 말씀을 잘 새겨보신다 면 분명히 답을 찾으실 것입니다. 하지만 제가 이곳에 왔다 갔다는 것은 다른 꿀벌에게는 비밀입니다."

임금은 꿀벌이 했던 이야기들을 다시금 천천히 되짚어보았다. '꿀벌, 집, 납질, 일벌, 수분, 광택….'

유레카! 임금은 무릎을 탁 치며 벌떡 일어서서 신하들에게 명 령했다.

"당장 양봉업자를 찾아가 벌집을 수거해 오너라!"

빼앗긴 집

꿀벌, 그중에서도 생식 능력이 없는 일벌들은 집을 지을 때 자신의

입에서 나오는 효소와 아교, 그리고 프로폴리스, 자신의 복부에서
나오는 납질을 골고루 잘 섞어 재료로 사용한다고 알려져 있다. 이
렇게 만들어진 벌집은 외부 유해물질의 침입은 물론 수분 침투까
지도 성공적으로 막아낸다. 여왕벌이 낳은 알들은 이러한 천연 방
어막 속에서 안전하게 보호받을 수 있었는데, 이들은 부화한 뒤에
그동안 자신들을 보호해준 방어막을 다시금 재정비하는 역할을 수
행한다.

　　인간은 꿀벌이 만든 벌집을 이
용해 밀랍(蜜蠟)을 추출해왔으며,
이러한 방법은 고대 그리스와 로마
를 비롯한 중국과 우리나라에서도
수천 년 전부터 사용되고 있다.

　　방법은 이렇다. 우선 벌집의 뚜
껑을 따고, 벌집을 잘게 잘라낸 뒤
물과 함께 팔팔 끓이는데 이때 불
순물이 물에 녹아들어 섞인다. 그

?! 벌집을 만들기 위하여 꿀
벌이 배 아래에서 분비
하는 누런 빛깔의 물질입니다. 상
온에서 단단하게 굳어지는 성질이
있고, 주로 절연제, 광택제, 방수
제 따위로 활용합니다. 일벌은 이
것으로 꿀을 모으고, 알을 낳아두
며, 벌집을 만들지요. 사람은 밀
랍을 녹인 다음 여과기로 걸러 불
순물을 없애고 가공하여 접착제·
껌·화장품·광택제(왁스)·양초
등을 만들어 사용합니다.

런데 이와 별개로 물 위에 둥둥 뜨는 액체 물질도 있다. 이것이 바
로 꿀벌이 뱉어낸 프로폴리스와 배에서 뽑아낸 납질(약 1~2mm 크
기)들이 다량 섞여 있는 기름 형태의 물질인데 밀도는 물(1g/ml)보
다 약간 작은 0.96~0.97g/ml 수준이다.

　　물보다 낮은 밀도 값으로 인해 물 위로 떠오른 기름을 또 다시
끓는 물에 넣어 분리하고, 또 넣고 분리하는 과정을 여러 번 되풀

이하면 우리가 일반적으로 이야기하는 '액체 밀랍'이 얻어진다. 좀 더 정확하게 표현하면 프로폴리스를 함유한 기름인 '황납'을 얻게 되는 것이다. 이후 뜨겁던 온도가 점점 떨어지고, 이내 62~63℃에 도달할 즈음 비로소 천연왁스로의 삶을 살아갈 '고체 덩어리'가 완성된다.

행복감에 사로잡힌 인간들은 평생 공들여 만든 집을 송두리째 빼앗긴 불쌍한 꿀벌에게는 관심조차 없다. 오히려 얼른 꿀을 더 따오라며 등을 떠밀 뿐이다. 앵벌이 신세로 전락한 꿀벌들에게 이전의 활기찬 날갯짓을 기대하는 것은 무리다.

하지만 꿀벌이 누구인가? 매번 허리에 노란 리본을 동여맨 채 이곳저곳 날아다니며 그 누구보다 먼저 지구의 위기를 알리는 '예언가'요, 육각의 구조가 갖는 뛰어난 효율성을 가장 먼저 발견하여 건축물에 완벽히 적용한 '과학자 집단'이 아니던가?

임금을 비롯한 모든 이들은 꿀벌을 바보같이 퍼주기만 하는 존재라고 생각했지만 이는 오산이었다. 실상은 그들이야말로 아무것도 모르면서 행복에 겨워하는 바보였다. 꿀벌의 얼굴에 깃든 알 수 없는 미소를 알아챌 만큼 시력이 좋지 못했고, 수백 년 뒤에 벌어질 참혹한 일을 예측할 만큼 날카로운 지성도 없었으니 말이다.

꿀벌이 세놓은 덫

꿀벌과의 미스터리한 강남이 있은 지 어언 600여 년. 길고 긴 시간이 흘렀다. 당시 도움을 받았던 이들은 물론 몇 대에 걸친 자손들마저 이 땅에서 흔적도 없이 사라졌다. 그 자리에 국민의 손으로 세운 새로운 나라가 들어섰으며, 이전 임금의 나라에서 벌어졌던 일을 연구하는 이들도 생겨났다. 그들이 손에 들고 있던 것이 바로 『조선왕조실록』, 600년 전 꿀벌의 흔적이자 현재 나라의 151번째 보물(국보 151호)이었다.

이들이 모여 연구를 진행하고 있는 그곳, 국립문화재연구소에 어느 날 시끄러운 사이렌 소리가 울려 퍼졌다.

"비상! 비상 상황이다! 서울대학교 규장각 한국학연구원에서 보관 중인 『조선왕조실록』에서 중대한 문제를 발견했다. 관련자들 모두 회의실로 모이기 바란다!"

『조선왕조실록』에 문제가 생겼다니! 갑작스레 벌어진 충격적인 상황이 아닐 수 없었다. 수백 년간 아무 탈 없이 보관되었던 기록유산이 아니던가? 임진왜란과 병자호란이라는 큰 전란을 겪으면서도 꿋꿋하게 버텼던 기록물이자 UN이 인정한 '유네스코 세계기록유산'에 대체 무슨 해괴한 일이 벌어진 것일까?

현재 전해지고 있는 기록은 1181책의 「정족산본」과 27책의 「오대본」, 그리고 21책의 「부 기타 산엽본」이 전부다. 이 중 과거 꿀벌이 해준 '밀랍'의 은혜를 받은 기록은 475책으로 전체의 40

퍼센트에 달하는 어마어마한 양이다. 수백 년 전의 눈부신 과학기술들을 재조명해볼 수 있는 「세종실록」, 문화에 대한 분량으로 둘째가라면 서러울 「성종실록」, 이런저런 정치사들이 혼재하는 「중종실록」, 그리고 조선의 좋지 못한 이면을 들여다보는 데 최적화된 「선조실록」이 모두 그 수혜자들이다.

이른바 조선 전기의 휘황찬란하게 기록된 역사는 '꿀벌의 분비물'이라는 마침표에 의해 완성될 수 있었는데, 이는 벌레나 습기로부터 보호하고자 고안되었던 최첨단의 비법이자 궁극의 해결책이었다.

그런데 완벽할 것만 같던 이 꿀벌의 비법 속에 숨겨진 비밀이 있었다. 인간의 기록이 오랫동안 보존되는 걸 원치 않았던 꿀벌의 부비트랩일까? 자체적으로 산성 물질을 뿜어낼 수 있는 것은 물론이요, 60℃만 넘어가도 녹아내리기까지 하는 이른바 '자신을 분해하는 자해 능력'을 숨기고 있었던 것이다. 마치 〈형사 가제트〉에 나오는 저절로 타버리는 지령서처럼 남들의 눈에 띄지 못하게끔 말이다.

하지만 이는 앞서 언급했던 밀랍 제조 과정을 다시금 떠올려보면 어느 정도 예측이 가능한 부분이다. 우리는 분명 끓는 물에서 분리해낸 액체 기름이 고체 왁스로 변하는 지점이 62~63℃라고 했다. 그런데 이를 거꾸로 생각해보면 '이 온도 이상에서는 또다시 액체의 형태로 바뀔 수 있다'는 의미가 된다. 물론 보관소의 온도가 웬만해서는 이를 넘어가지 않으리라고 믿었기에 별 다른 액션을 취할 필요가 없었는지 몰라도 말이다.

하지만 밀랍으로 처리된 페이
지들이 서로 맞붙어 있는 상황이라
면 끈적끈적 눌러 붙게 마련이고,
행여 화재가 발생하기라도 하면 걷
잡을 수 없는 상황으로 치닫게 될
게 뻔했다. 그야말로 불 보듯 자명
한 일이었다.

눈으로 확인한 『조선왕조실록』
의 상태는 심각했다. 장기간 보존하
고자 처리했던 밀랍본 475책들 중
다수의 기록이 심각하게 손상되어
있었다. 누렇게 색이 바랜 것은 기본이요, 찢어지고, 심지어 곰팡이
까지 슬어 있었다. 오히려 밀랍 처리를 하지 않은 책들이 멀쩡한 아
이러니한 상황이 눈앞에 펼쳐져 있었다. 미련한 꿀벌의 은혜로 알
고 웃어 넘겼던 수백 년 전의 선조들이 하늘에서 통탄할 일이었다.

그렇다. 선조들은 '남의 떡'을 함부로 넘본 대가를 톡톡히 치러
야 했다. 왜냐하면 그들은 꿀벌이 쳐놓은 '촘촘한 덫'에 이미 걸려
있었고, 현대 과학으로 중무장한 그들의 후손인 현대의 우리들 역
시 덫에서 빠져나오는 데 무려 20년이 걸렸기 때문이다. 아니, 이마
저도 방향성만 제시한 것일 뿐 완벽한 해결책은 아직까지 나타나
지 않았다. 그저 시간만 하염없이 흘러가고 있을 뿐이다.

함정에서 벗어나는 방법

만약 여러분이 누군가 미리 준비해놓은 함정에 맨몸으로 빠졌다고 가정해보자. 정신을 차리고 주위를 둘러보았으나 도구로 쓸 만한 건 보이지 않는다. 이제 어떡할 것인가? 열이면 열, 백이면 백, 이런 경우에 믿을 수 있는 것은 까랑까랑한 목소리뿐이다.

"사람 살려! 여기 사람 있어요!"

가장 우선적으로 할 수 있는 일은 이처럼 소리를 질러 비상상황을 알리는 것이다. 즉 함정의 위치를 파악하여 주변의 누군가에게 알려야 한다.

그럼 두 번째로 할 수 있는 일은 무엇일까? 빠져 나갈 궁리에 앞서 해야 할 일이 하나 더 있다. 여러분이 빠진 함정이 안전한 상태인지 아닌지 판단하는 것이다. 혹시 더욱더 깊은 곳으로 빠질 위험은 없는지, 벽이 무너져내리는 것은 아닌지 등 사태를 정확하게 파악해야 한다. 혹시 안전하지 않다고 판단했다면 보다 안전한 위치로 자리를 옮긴 뒤 소리를 지르며 구조를 기다려야 한다.

꿀벌에게 뒤통수를 제대로 맞은 그들의 경우도 마찬가지다. 지금의 상황이 얼마나 심각한지 깨닫는 것이 첫 번째 해야 할 일이었으며, 이보다 손상이 더욱 진행되지 않도록 막는 것이 두 번째로 할 일이었다.

그들은 다른 물질과의 반응성이 극도로 미약한 기체들(질소, 아르곤 가스) 속에 기록물을 넣고 일단 보관하기로 했다. 두 후보

중 질소 가스가 보다 효과적이었기에 임시 보관을 위한 기체로 선택되었다. 다음으로 할 일은 산성 물질을 계속 뿜어대고 있는 밀랍을 한지에서 떼어내는 일이었다. 하지만 두 번째 미션은 여간 어려운 게 아니었다. 온도를 올려 녹여내자니 한지 자체에 손상이 갈 게 뻔했고, 밀랍을 녹여낼 수 있는 유기용매에 담그자니 기록된 글자들이 전부 지워질 게 분명했다. 더욱이 이런 사건을 경험한 바가 없어서 누군가에게 자문을 구하기도 어려웠다.

우리의 문화유산 『조선왕조실록』은 전 세계에서 유일하게 천연 밀랍을 한지에 코팅했다는 특징을 자랑한다. 이것은 어떤 의미일까? 참고할 만한 연구가 '전무하다'는 뜻 아닌가? 아무도 이를 경험하지 못했기에 물어본다 한들 정확한 답을 내려줄 사람은 애초에 존재조차 불가능했다. 이와 비슷하게 '인공 파라핀(paraffin)'으로 처리한 고문서들은 종종 보았지만 어찌 이들과 비할 수 있겠는가? 종이의 재질은 물론 코팅제의 종류마저 전혀 다른데 말이다.

> **?!** 원유를 정제할 때 생기는 희고 냄새가 없는 반투명한 고체입니다. 양초, 연고, 화장품 등을 만드는 데 씁니다. 물에는 녹지 않으나 에테르나 벤젠, 에스터(에스테르)에는 녹습니다.

몸으로 직접 부딪혀보는 것 외에 별다른 수가 없다. 그렇다고 문화유산인 기록물을 실험용 쥐처럼 사용할 수는 없다. 연구자들은 하는 수없이 테스트를 위한 샘플로서 '실록의 복원본'을 선택했다. 물론 이마저도 아까워 손톱만큼씩 떼어내 탈랍 연구를 수행했지만 말이다.

✠ 고수의 일터

남은 시간이 얼마 없었다. 이때까지만 해도 실록의 손상은 '현재 진행 중'이었다. 하루라도 빨리 밀랍 코팅을 벗겨내지 않으면 더 참혹한 미래가 올 게 분명했다.

"어쩌면 좋단 말인가. 빨리 무슨 수를 내지 않으면 큰일이 날 거야. 대중과 언론이 방아쇠를 당긴 채 우리가 실패하기만 기다리고 있지 않은가? 이거 참 미칠 노릇이군."

심리적인 압박이 그들의 목을 죄고 있을 무렵, 저 멀리서 희미하게 발소리가 들려왔다. 실루엣이 점점 모습을 드러내기 시작했다. 안개를 헤치고 다가온 그는 다름 아닌 옆 건물 세탁소 주인이었다.

숨은 고수를 찾아라

"세탁! 세탁! 그 어떤 때도 다 빼드립니다. 세탁!"

여러분의 동네에도 '과학의 고수'가 살고 있을 것이다. 그로 말할 것 같으면 섬유와 관련된 모든 과학 원리를 통달하고 있다. 정전기력에 의해 흡착된 먼지를 기가 막히게 제거할 수 있으며, 색깔이 있는 염료나 잉크에 의해 착색된 얼룩은 물론 껌이라는 이름의 플라스틱 합성 고무도 흔적 없이 녹여낼 수 있다.

또한 그는 많은 보수를 필요로 하지 않을 만큼 검소하며 욕심이 없다. 게다가 의뢰자의 집을 방문하여 '연구 결과물'까지 손수 전해주고 간다.

잠깐! 놀라기엔 좀 이르다. 여러분이 살고 있는 동네에는 이 같은 최고의 과학자들이 하나나 둘도 아닌 몇 개의 연구실을 차려놓고 있다. 그들은 누군가 위급한 상황에 처했을 때 도움을 주려고 늘 대기 중이다. 이 정도면 '과학 마을'이라고 해도 충분하다. 이들 마을 과학자의 집은 우리 예상처럼 수많은 의뢰자들로 늘 붐빈다.

"계십니까? 소문 듣고 찾아왔는데, 혹시 부탁 하나 드려도 되겠습니까?"

빼꼼이 고개를 내민 방문객은 무슨 어려운 부탁이라도 있는지 고수의 눈을 제대로 바라보지 못한다. 그런데 이 고수, 친절하기까지 하다. 웃으며 방문객을 맞이하더니 이내 따뜻한 차까지 한잔 내온다. 무엇이든 말해보라며 노트의 빼곡한 페이지를 넘긴다. 인자

한 모습에 긴장을 푼 방문객이 한숨을 쉬며 힘겹게 입을 연다.

"아저씨, 제가 이번 주 주말에 여자 친구랑 중요한 약속이 있거든요. 이거 비싼 정장인데 세탁 좀 해주세요. 절대 물로 빠시면 안 돼요."

어디서 묻었는지 김치 국물 자국이 선명하게 남아 있는 정장 바지와 누런 얼룩이 묻은 흰색 카디건이다. 옷을 빨되 물로 하면 안 된다는 수수께끼 같은 미션을 전달 받은 고수. 그러나 그는 다른 과학자들과 달랐다. 상당히 여유롭고 담담한 표정을 짓더니 이윽고 자신 있다는 듯 어깨를 으쓱거린다.

"이번 주 주말이면 한 5일 정도 남았으니 시간은 충분합니다. 믿고 맡겨주세요."

소문으로만 듣던 그의 당당한 모습을 직접 경험한 방문객은 그제야 안심한 듯 웃으며 돌아선다. 고수는 문이 닫혔음을 확인한 뒤 어디론가 급히 전화를 건다.

"난데, 이번 주 주말까지 정장 바지 하나, 카디건 하나 세탁 가능하지?"

그는 어떻게 이 난제를 극복해낼까? 웬만한 과학자들도 울고 간다는 그가 가진 필살의 기술은 과연 무엇일까? 지금부터 천천히 그 기술을 살펴보자. 이를 위해 먼저 알맞은 상황을 만들어보려 한다.

여러분은 지금 A라는 어떤 고체를 투명한 용기 안에 넣고 뚜껑을 닫았다. 이 용기에 열을 가해 온도를 서서히 올리면서 A를 액체로 만든다. 멈추지 않고 계속 열을 가하자 뚜껑 사이로 기체가 모락 모락 피어오른다. 무언가 잘못됐다 싶어서 뚜껑을 다시 한 번 꼭 닫은 다음 약간의 공기도 새어나가지 못할 만큼 완벽히 밀봉했다.

열 공급이 재개되기 시작했다. 고체는 다시 액체가 되고, 액체는 또 다시 기체로 거듭나려고 꿈틀댄다. 하지만 뚜껑의 밀봉이 너무도 완벽했기에 여러분은 이들이 밖으로 새나가지 못할 것을 확신하고 있다. 통 속의 부피는 변하지 않는 상황에서 액체가 기체로 변한다? 엄청난 압력이 생겨날 게 틀림없다. 혹시 통이 압력을 견디지 못하고 터져버리지 않을지 슬슬 걱정이 밀려온다. 여러분은 하는 수없이 눈을 질끈 감았다.

그때, 조금 전까지 용기 안에서 찰랑거리던 액체가 '뿅' 하더니 온데 간데 없이 사라져버리는 게 아닌가. 정확히 표현하자면 찰랑거리던 '액체의 경계 표면'이 증발해버렸다. 눈앞에서 사라져버리는 마술인 걸까, 아니면 눈이 일으킨 착각일까? 여러분은 두 눈을 휘둥그렇게 뜨고 책상 밑, 의자 뒤 등 이곳저곳 뒤지기 시작한다. 하지만 액체의 경계면은 끝끝내 모습을 보이지 않았다.

슈퍼크리티컬 파워

귀신이 곡할 노릇이다. 하지만 이것은 눈속임의 마술이 아닌 엄연한 과학 현상이다. 이름마저 뭔가 있어 보이는 '슈퍼크리티컬 플

루이드(supercritical fluid)'다. 우리 말로 하면 '초임계 유체(supercritical fluid)'를 이용한 과학 마술이라고나 할까?

일정한 고온과 고압의 한 계를 넘어선 상태에 도달하여 그것이 액체인지 기체인지 구분할 수 없는 시점의 유체를 가리킵니다. 분자의 밀도는 액체에 가깝지만, 점성도는 낮아 기체에 가까운 성질을 가지는데요. 확산이 빨라 열전도성이 높으므로 화학 반응에 유용하게 사용됩니다.

보통 우리 주변에 존재하는 물 질들은 대부분 온도의 변화에 따라 세 가지 상태를 보인다. 누구나 알 고 있는 상식이다. 단단한 고체, 출렁거리는 액체, 모락모락 피어나는 기체.

이것을 조금 다른 관점에서 바라보자. 이번에는 물질에 초점을 맞추지 말고 각 물질이 처해 있는 주변 환경을 살펴보자. 얼음이 녹아 물이 되고, 물이 수증기로 변할 때 주변은 어떠한가? 탁 트인 식탁 위 또는 '뿌뿌' 우렁찬 소리를 내는 주전자. 수증기는 아무것에도 구속 받지 않은 채 대기 중의 공기와 자유로운 왕래를 하고 있다. 이제 일반적인 주변 환경에 약간의 변화를 줘보자. 어렵지 않다. 주전자만 새로 준비하면 된다. 단, 주문 제작이 필요하다.

주전자의 재질은 폭탄을 정통으로 맞아도 멀쩡할 만큼 단단한 금속을 쓰되 수 센티미터의 두께로 만들어야 한다. 주전자 안에 약간의 물을 집어넣은 뒤 옆에서 핵폭발이 일어나더라도 무사할 만큼 빈틈을 없앤다. 수증기는 물론, 그 어떠한 기체도 통과하게 놔둬서는 안 된다. 여기까지 준비를 끝마쳤다면 이제 여러분의 두 손에서 태어날 과학 마술을 반갑게 맞이하면 된다.

이제 슬슬 주전자에 열을 가해보자. 주전자 내부의 온도는 계속 증가하여 100℃, 200℃를 돌파하더니 이내 300℃를 넘어섰다. 손발이 덜덜 떨리는 무시무시한 실험은 온도계의 디스플레이 창이 374.2℃, 그리고 내부 압력이 무려 217.6기압을 가리킬 때까지 계속된다.

참고로 374℃의 온도는 우리 몸을 기체로 만들어 하늘 높이 날리기에 충분한 값이며, 200기압이라는 압력은 바다 속 깊이 2000미터에서의 압력으로서 웬만한 물고기도 버텨내기 어려운 수준이다. 중간에 폭발할까 두려워도 꾹 참고 견뎌야 한다. 주전자를 제대로 제작했다면 불상사는 결코 발생하지 않을 테니까!

3! 2! 1! 이제 끝났다. 지금 여러분이 만든 주전자 속의 물은 평소에 듣지도 보지도 못한 임계점 (374℃, 217.6기압)을 넘어섰고, '초임계 상태'라는 새로운 세계에 빠져 있다. 주전자 속은 지금 우리가 살고 있는 지구에서는 절대 체험해 볼 수 없는 독특한 환경이 되었다. 이곳에서 물은 기존에 우리가 알고 있던 '상식적인 물'의 모습과 다른 아주 낯설고 독특한 모습을 보인다.

> 임계 상태란 어떤 물질 또는 현상의 성질에 변화가 생기거나 그 성질을 지속시킬 수 있는 경계가 되는 상태를 가리키는 물리학 용어입니다. 즉 온도나 압력 등의 변화 때문에 물질의 상태나 속성이 바뀔 때의 물질 상태를 말합니다.

초임계화

✱ 초임계화

액체 상태의 물과 기체 상태의 수증기가 동일한 밀도를 갖게 되는, 이른바 '믿기 힘든 상황'이 펼쳐지기에 물의 대표적인 특성으로 알려진 '표면 장력(surface tension)'은 그 영향력을 잃어버린다. 모두가 잠들어 있는 새벽녘, 꽃잎 위에 동그란 이슬방울이 맺힐 수 있는 이유이자 잠수를 유독 싫어하는 소금쟁이들을 물 위로 두둥실 떠오르게 만드는 힘 말이다.

> **?!** 액체의 표면이 스스로 수축하여 가능한 한 작은 면적을 취하려는 힘을 일컫습니다. 액체의 표면을 이루는 분자층에 의하여 생깁니다.

초임계의 세상에 떨어진 물방울은 현저히 낮아진 표면장력으로 인해 그 형태를 잃어버리고, 서로 뭉치지 않는 물 입자들은 이제 독립적인 존재들로서 각자 공중을 떠다니게 된다.

초임계 상태에 놓인 물은 이제 아무것도 두려울 게 없는 이른바 천하무적이 되고 말았다. 종이를 만나도 적시지 않은 채 통과할 수 있으며, 세탁기 안에서 강력한 세제들과 격렬하게 춤 춰도 빠지지 않았던 얼룩을 쥐도 새도 모르게 단 한 방에 제거해버릴 수 있다.

어디 물뿐인가? 지구를 따뜻하게 덥혀준다는 온실가스의 대표주자인 '이산화탄소'마저 초임계 상태(31.1℃, 73.8기압)에 들어서면 커피 속에 잠들어 있는 카페인이라는 악당을 아무도 몰래 납치해올 수 있다. 최근에는 이 슈퍼 파워를 이용해 발전소를 돌려 미세먼지까지 줄인다고 하니 정말이지 상상을 초월하는 대 사건이 아닐 수 없다. 초임계 유체라는 '현대판 자객'의 능력의 끝은 대체 어디까지일까?

"초임계 유체야, 이 일은 너밖에 할 수 없구나. 아무도 몰래 적진에 침투해 조용히 타깃을 데려오너라. 절대 사살하면 안 돼. 알겠느냐?"

어두운 밤, 자객이 된 초임계 유체는 적진을 파고들어 타깃을 바깥으로 데려오는 데 성공했다. 다친 데 하나 없이 온전히 안전하게 말이다. 중요한 임무를 완벽하게 수행해낸 자객에게 남은 일은 이제 자신이 사건 현장을 벗어나는 것뿐이다. 그는 '잠시 흥분했던' 감정을 다스려 온도를 임계점 이하로 낮춘 뒤 기체로 변해 홀연히 사라져버렸다.

현재 대한민국은 이렇듯 초임계 상태로 거듭난 이산화탄소에게 '대한민국의 문화재 수호'라는 중요 임무를 맡겼다. 『조선왕조실록』의 기록은 전혀 건드리지 않으면서 '밀랍만 쏙쏙 빼내는' 최적임자로 선택된 그는 지금 묵묵히 자신의 역할에 최선을 다하고 있다. 이산화탄소의 '슈퍼파워' 대 꿀벌의 '치밀한 계획'의 결전! 긴 싸움의 승자는 누가 될 것인가?

3

얼음 창고와 아기돼지 삼형제

얼음 캐러 간 신랑을 기다리며

"서방님, 이놈의 나라는 우리한테 뭐 해준 게 있다고 이렇게 시즌마다 불러댄답니까? 날이 추워지면 저들이 본격적으로 잡으러 올 테니 그 전에 얼른 도망가세요. 제 걱정은 하지 마시고 잠잠해지면 돌아오세요. 부디 몸 건강하세요."

남편보다 나이가 한참 어린 아내는 홀로 남겨질 생각에 눈물이 울컥 솟았지만 가까스로 참아냈다. '해준 게 없는' 나라는 이 불쌍한 부부에게 왜 이런 시련을 안겨주는 것일까? 아내의 반응을 보아하니 나라에 뭔가 급한 일이 생긴 모양이다. 무슨 일일까? 임금을 위한 궁궐 증축인가, 아니면 적을 막아내기 위한 성벽 건설일까?

이런 대규모 스케일의 부역이라면 어쩌다 한 번 모집하는 일이니 속는 셈 치고 나가줄 수 있지만, 이번 건은 매년 찬바람이 쌩쌩 불면 시작되는 연례행사였다.

미처 도망가지 못한 이들은 소가 도살장에 끌려가듯 얼음이 꽁꽁 얼어 있는 강가로 향했다. 그들을 기다리고 있는 것은 '얼음 캐기'라는 고된 작업이었다. 한겨울에 이 무슨 해괴한 짓일까? 정말이지 극기 훈련이 따로 없었다.

끌려간 이들과 도망간 이들, 그리고 홀로 남겨진 이들. 그들은 각자 나름대로 자기 자리에서 조선이라는 나라에 대한 분노를 키워갔다. 그들이 품은 분노는 얼어붙은 강을 녹여낼 만큼 뜨거웠다. 그래서일까? 얼음은 캐내기 무섭게 빠른 속도로 녹아내렸다.

"얼른 녹아버려라! 얼음이 다 녹아버리면 우리는 집에 돌아갈 수 있을 테지."

그러나 안타깝게도 극기 훈련 프로그램 계획자들은 백성의 머리 꼭대기에서 노는 자들이었다. 그들은 잔꾀를 부리려는 손바닥 안의 '개미'들에게 명령했다.

"얼음을 다 캤으면 빨리 빨리 옮겨라. 거기, 너! 왜 꾸물거리는 거냐?"

불쌍한 백성들은 훈련장의 다음 코스를 향해 터덜터덜 걸어갔다. 얼음 조각에 베인 상처로 가득한 손과 발은 더는 고통조차 느끼지 못했고, 얼음물에 푹 젖어버린 옷은 어느새 또 다른 얼음덩어리가 되어 그들의 몸을 짓눌렀다. 하나둘 쓰러져가는 동료들을 볼 때마다 치솟는 울분에 가슴이 터져나가는 듯했지만, 그들은 외로이 기다리고 있을 가족들을 생각하며 참고 또 참았다.

얼마나 지났을까? 기억마저 흐려질즈음 눈보라 너머로 희미하게 통로가 하나 보였다. 극기 훈련의 최종 목적지인 반 지하 얼음 창고에 도착했다는 안도감이 밀려들었다. 바로 그때, 또 다른 명령이 채찍을 타고 내려왔다.

"지금부터 조를 두 개로 나누겠다. 1조는 창고 안쪽부터 얼음을 차곡차곡 쌓아놓고, 2조는 무너진 창고를 수리한다. 실시!"

그들의 작업은 일 년 열두 달 결코 끝나는 법이 없었다.

지하 0.5층

"국민 여러분께 알려드립니다. 요즘 우리나라가 급변하고 있는지라 수도권에 사람이 너무 많습니다. 층수를 높이는 것도 방법이겠지만 건설하는 데까지 시간이 많이 걸리니, 우선 급한 대로 지하 방공호에 주거 공간을 꾸미시길 바랍니다. 건물주는 월세 더 받아서 좋고, 우리 정부는 수도권에 일손을 더 모아서 좋고…. 이것이 우리 모두에게 이로운 방향입니다."

산업화 바람을 정면으로 맞은 1970년대의 대한민국. 바람이 어찌나 강력했던지 정부는 주거용으로 쓰면 안 되는 지하 출입문까지 활짝 열어젖혔다. 집을 찾아 헤매던 이들은 '이게 웬 떡인가' 하는 심정으로 허겁지겁 달려들었고, '지하 0.5층'을 새로운 터전으로 삼은 그들은 언젠가는 자신이 건물 주인이 될 거라는 꿈을 꾸며 행복에 젖어들었다. 창문 너머의 소음과 매연쯤이야 저렴한 월세에 비할 바가 못 되었다. 그 정도는 충분히 참아낼 수 있었다. 창문만 잘 닫으면 그만 아닌가?

몇 개월이 지나고, 다시 몇 년이 지났다. 그들은 정말 꿈을 이뤘을까? 안타깝지만 대답은 "No!"이다. 그들은 꿈을 이루지 못했다. 아니, 그럴 수 없었다. 그나마 자부심을 갖고 있던 선상한 놈조차 잃어버렸기 때문이다.

환기가 잘 되지 않는 탓에 집 안은 늘 습한 공기로 눅눅했다. 곧 구석구석 곰팡이가 피어올랐고, 행여 비라도 뿌리는 날이면 그들은 제 세상을 만난 듯 종족 번식의 본능을 채우고자 밤낮을 가리지 않고 포자들을 뿜어댔다. 반 지하 사람들의 폐는 어느새 곰팡이 포자로 채워졌다.

정부가 고안한 반 지하 주거와 그 구조 때문에 발생한 '습한 공기' 문제, 그 결과 만들어진 '곰팡이'. 누가 뭐래도 이 사건은 명백한 인재(人災)였다. 욕심에 눈과 귀가 멀어 시민의 건강을 담보로 잡은 이들이 벌인 살인 행각과도 같았다.

차디찬 얼음물 속에 백성을 몰아넣었던 조선의 권력자들과 퀴퀴한 곰팡이 천국에 시민을 가둬버린 대한민국의 권력자들의 공통점은 분명해 보인다. 그들 모두 '지하 0.5층'이라는 어중간한 장소를 만들어 본인들의 사리사욕을 채우는 공간으로 활용했다. 차이

점이라고는 기껏해야 공간을 만드는 건축 재료일 따름이었다.

아기돼지 삼형제

2017년 12월, '월트디즈니' 사는 60조 원에 육박하는 천문학적인 금액으로 '20세기 폭스'라는 거대한 공룡을 꿀꺽 삼켰다. 이로써 디즈니는 전 세계 애니메이션계의 왕좌에서 내려올 생각이 전혀 없음을 선포했다. 〈미키 마우스〉, 〈알라딘〉, 〈라이온 킹〉은 물론 〈겨울 왕국〉과 〈모아나〉까지 이들의 손을 거치지 않은 애니메이션은 찾기조차 힘들 뿐 아니라 대부분 대박 행진을 이어나가는 중이다.

　그들의 빛나는 행보에는 이유가 있다. 친숙한 캐릭터들이 극의 흐름을 논리적으로 이끌어가는 반면, '막무가내'와 '억지스러움' 등은 찾아볼 수 없기 때문이다. 한마디로 전개가 깔끔하다는 뜻이다. 이로 인해 쉽게 잊히지도 않는다.

　〈미키 마우스〉라는 초대박을 터뜨린 뒤, 구전되던 이야기를 기반으로 제작한 애니메이션으로 〈아기돼지 삼형제〉가 있다. 동화계의 전설(legend)과 같은 이 작품을 모르는 이는 아마 없을 것이다. 더욱이 이 이야기는 늑대라는 동물을 나쁜 동물의 대명사로 낙인찍어버린 장본인이기도 하다. 다른 디즈니 작품과 마찬가지로 논리성을 기본 탑재한 〈아기돼지 삼형제〉의 줄거리를 한 줄로 요약

하면 다음과 같다.

벗짚으로 만든 초가집과 나무로 지은 목조주택보다 돌로 지은 석조주택이 더 튼튼하다.

비록 지진과 같은 천재지변에 해당되지 않지만 일반적인 상황에서는 어느 정도 고개를 끄덕이게 만들어주는 기본 개념이다. 우리는 왜 이렇게 생각하는 것일까? 동화 속의 내용처럼 늑대가 힘으로 부술 수 없어서, 아니면 주변에 초가집과 목조주택보다 석조주택이 더 많아서? 아마도 '썩지 않을 것'이라는 강한 믿음이 우리 마음 속 깊숙한 곳 어딘가에 똬리를 틀고 앉아 있기 때문일 것이다.

사실 동화 속의 늑대는 돼지들이 만든 집을 날려버리려고 그렇게 노력할 필요가 없었다. 배가 너무 고파 잠시도 지체할 수 없었다면 또 모를까, 늑대가 굳이 입김을 세게 불어대지 않아도 첫째와 둘째 돼지의 집은 언젠가 무너질 운명이었다. 또한 빌런으로 늑대가 등장하지 않았다 해도 셋째 돼지는 집 잃은 두 형님의 노후를 책임져야 할 팔자였다.

그런데 만약 이들 돼지 삼형제가 노란 머리가 즐비한 미국이 아닌 검은 머리로 가득한 한반도에서 나고 자란 '토종 돼지'들이었다면 상황이 어땠을까? 아마도 첫째와 둘째 돼지는 이런 반응을 보였을 것이다.

"벽돌 빚는 데 아까운 시간을 다 써버릴까 봐 자연에서 쉽게 구

할 수 있는 지푸라기와 나무로 집을 지어볼까 했지. 그런데 굳이 그
럴 필요가 없겠더라고."

인공의 벽돌을 빚어 집을 짓는 서양과 달리 자연의 '쑥돌'을 그
대로 이용하던 우리의 전통 방식을 보고 자란 삼형제는 모두 돌집
을 선택했을지도 모른다. 그러니 대한민국 판 〈아기돼지 삼형제〉
는 우리가 익히 아는 그 이야기와 전혀 다른 스토리가 되어버렸을
게 틀림없다.

용암이 만들어낸 땅

피융! 빠른 속도로 하늘을 날아다니는 파충류.

쿵쿵! 가는 길마다 커다란 발자국을 남기는 걷는 파충류.

푸우! 물의 흐름에 몸을 맡긴 채 유유히 떠다니는 파충류.

수억 년 전, 파충류들이 한반도
를 지배하던 때가 있었다. 그들은
평화롭게 현재를 살고 있는 우리와
달리 전혀 평화롭지 않은 환경에서
지내야 했는데, 여기엔 변덕스런
'바닥'이 한몫 단단히 했다.

한반도 전역을 뒤집어놓은 강
력한 지각변동인 '대보조산운동(大

약 1억8천만 년 전~1억2
천만 년 전에 해당하는 쥐
라기 초기부터 백악기 초기에 걸쳐
일어난 한반도 지질사상 가장 격
렬했던 대규모 조산 운동입니다.
이 명칭은 1927년 일제 강점기에
일본인 지질학자가 평안남도 대동
군 대보면에 위치한 대보탄전에서
서 큰 충상단층을 발견하고 이의
원인을 대보충동이라 명명한 데
서 유래했습니다.

寶造山運動)'은 쥐라기 기간 내내 공룡들을 괴롭혔고, 용암이 굳어지면서 만들어진 '쑥돌', 즉 '화강암'은 이 땅의 밑바닥으로 침투해 들어왔다.

이후 살랑이는 바람과 출렁이는 물결은 화강암을 뒤덮고 있던 흙과 돌들을 말끔히 씻어갔고, 그 덕분에 우리 선조들은 전체 국토의 20퍼센트를 차지해버린 화강암 틈에서 살아가게 되었다.

이들 화강암을 구성하는 주요 성분으로는 그물 형태의 '장석(長石)'과 '석영(石英)'이 대부분이다. 이웃과 견고하게 연결된 그물 형태는 공기가 존재할 만한 미세한 공간을 허용하지 않았는데 이는 그 어떠한 암석도 범접하기 어려운 '공극률(孔隙率, porosity) 1퍼센트 미만'이라는 놀라운 구조를 얻어내는 데 한몫했다. 또한, 방향성이 없는 그물 구조는 좀처럼 깨지지 않는다는 특별함을 보이기도 했다.

✠ 장석

✠ 석영

공룡의 삶에는 비록 치명타를 안겼지만, 이기적인 인간의 입장에서 볼 때는 예상외의 결과물을 만들어낸 '대보조산운동'. 한반도 땅을 잠시라도 밟은 이들이라면 이 결과물의 매력에 흠뻑 취할 수밖에 없을 것이다. 화강암의 강함을 적극 활용하기로 결심한 그들은 곳곳에 건축물을 세워 올렸고, '얼음 창고' 역시 여기서 예외일 수는 없었다.

백성을 위한다는 나름의 논리를 내세워 얼음 창고를 디자인하기 시작했고, 조선의 역대 임금 중 그나마 백성의 입장에 서려고 노력했던 세종과 영조는 그들의 이력서에 다음과 같은 기록을 남겨 놓았다.

"해마다 얼음을 떠서 저장할 때가 되면 반드시 경기 백성을 시켜 빙실을 고쳐 짓게 하는데, 재목 값이 비싸서 백성들이 심히 고통스럽게 여기니, 청컨대, 사람이 거처하는 집 모양으

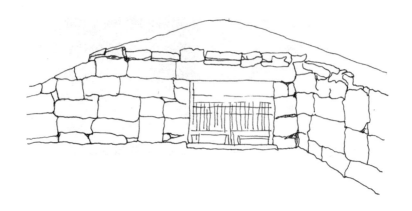

로 빙실을 지어서 관리를 시켜 지키게 하면, 넉넉히 수십 년 동안까지 오래 갈 터이며, 매년마다 고쳐 짓는 폐단이 없을 것이라." 하였다._『세종실록』 10권 (세종 2년 11월 5일 세 번째 기사)

"빙고에 들어가는 재목은 허비되는 것이 매우 많은데, 만약 석빙고를 만든다면 오랫동안 비용을 줄이는 계책이 될 것입니다. 청컨대 내빙고부터 시작하게 하소서." 하니, 허락하였다._『영조실록』 113권 (영조 45년 12월 21일 세 번째 기사)

그들은 보다 효율적인 얼음 창고를 만들기 위해 어떤 디자인을 적용했을까? 아무래도 한두 개의 과학 지식만 가지곤 역사에 길이 남을 얼음 창고를 만들지 못했을 것 같다.

남겨진 이유

"뭣이라? 일곱 개밖에 남지 않았다고? 그 많던 것들이 죄다 어디로 가버렸단 말이냐?"

현재 그 형태를 유지하고 있는 '빙고(氷庫)'는 남한에 여섯 개, 북한에 한 개다. 단 일곱 개밖에 남아 있지 않다. 모두 화강암으로 만들어진 '석빙고(石氷庫)'의 형태인데, 지푸라기로 만들었다는 '초개빙고(草芥氷庫)'는 기록으로나마 전해지고 있지만 나무로 만들었다는 '목빙고(木氷庫)'는 그 흔적만 겨우 남아 있다.

> ?! 경주석빙고, 안동석빙고, 창녕석빙고, 현풍석빙고, 청도석빙고, 영산석빙고, 해주석빙고

한마디로 지금 이 상황을 정리해보면, 실제 눈으로 보고 직접 느낄 수 있는 일곱 개의 빙고만이 우리 연구와 탐색의 재료가 될 수 있다는 뜻이다. 그나마 하나는 우리의 발이 닿지 않는 먼 곳(황해도 해주)에 위치해 있으니 참으로 안타까운 상황이다. 물론 지구를 뒤흔들었던 과거의 거대한 지각 운동 덕분에 그나마 이것들이라도 남아 있는 것을 다행이라 받아들일 수도 있지만 말이다.

역사학계와 과학계는 몇 안 되는 석빙고를 토대로 지금껏 공동 연구를 수행해왔다. 각종 기록을 읽고 분석하는 역사학자들과 이 기록을 바탕으로 실제 실험을 수행하는 과학자들이 힘을 모아 가능성을 확인했는데, 모든 연구자들은 저마다의 위치에서 최선의 노력을 기울이고 있었다. 그러던 어느 날, 누군가 소리 높여 외쳤

✤ 경주 석빙고 내부

다. 그는 발갛게 상기된 얼굴로 마치 태풍에 펄럭이는 깃발처럼 요동치는 음성으로 소리쳤다.

"대박! 이렇게 뛰어난 과학적 원리를 전부 고려해서 만들었단 말이야? 자그마치 수백 년 전 사람들이? 말도 안 돼!"

믿을 수 없었다. 하나둘도 아닌 여러 가지 사항을 동시에 염두에 둔 것으로 보인다는 결론에 이르자 그는 흥분을 감출 수 없었다. 더욱이 일곱 개의 빙고 모두 비슷한 구조와 주변 환경을 갖추고 있는 것으로 보아 이는 결코 '소 뒷걸음치다 쥐 잡은' 격이 아니었다. 그냥 얻어걸린 게 아니라 철저한 의도 아래 계획된 것이 분명했다는 뜻이다. 그는 어떠한 정황을 근거로 이런 결론에 도달했을까?

지금부터 기본적인 과학 지식을 기반으로 탐정 활동을 시작해보자. 일곱 빙고들이 갖는 공통점을 하나씩 분석하면서 논리적으로 접근해나가면 분명 빙고의 숨겨진 비밀을 찾아낼 수 있을 것이다.

환경의 비밀, 그것이 궁금하다

일곱 개의 얼음 창고는 약간씩 외모는 달랐지만, 그들이 사는 동네만큼은 비슷했다. 마치 한 배에서 태어난 형제들처럼 말이다. 공통적으로 발견된 단서들은 다음과 같다.

- 인근 하천과의 거리 500미터 이내
- 비밀 통로

먼저 첫 번째 단서인 '인근 하천과의 거리 500미터 이내'에 대해 알아보자. 이는 크게 두 가지 이유에서 생각해볼 만하다.

첫째. 얼음의 운반 거리를 최소화한다는 명제다. 아무리 추운 겨울철이라 해도 얼음이 잘게 조각나는 순간, 얼음은 카운트다운에 들어가게 마련이다. "3, 2, 1 Go!" 하면서 갑작스레 표면적이 늘어난 얼음은 주변의 열을 쭉쭉 빨아들이는 청소기가 되어 뜨거운 사우나에 들어간 듯 땀을 폭포수처럼 쏟아내기 시작한다.

평소 외부에서 흘러 들어오는 열을 극도로 싫어하여 주변의 물 분자들을 끌어 모아 덩치를 최대한으로 늘렸던 얼음 덩어리였지

만, 지금 이 순간 얼음이 얼음다울 수 있는 시간은 그리 넉넉하지
않았다.

둘째. 수분 증발에 의한 냉각 효과라는 측면에서다. '모든 길은
로마로 통한다'는 말처럼 우리가 살고 있는 지구에서는 모든 현상
이 열에 의해 통제되고, 또 열을 통하지 않고서는 그 어떠한 원리도
설명할 수 없다.

한겨울 꽁꽁 얼어버린 강물은 따뜻한 봄을 만나야 다시금 활기
를 찾는다. 찰랑거리는 물은 한여름 뜨거운 햇살을 만나면서 하늘
로 승천한다. 이 모든 게 주변의 열을 흡수했기에 가능한 지극히 일
상적이고 평범한 일상이다.

일정 수준 이하의 온도를 유지해야 하는 빙고의 입장에서는 주
변의 누군가가 열을 빼앗아주기만 하면 간이고 쓸개고 뭐든 내어
줄 수도 있는 상황이다. 따라서 500미터 이내의 거리에서 흐르는
강물은 그 역할을 가장 충실히 수행해줄 수 있는 적임자였다. 그리
고 임무의 시작은 '소통'이었다.

이번에는 두 번째 단서인 '비밀의 통로'를 파헤쳐보자.

최근 몇 년 동안 우리의 입에 가장 많이 오르내린 단어를 꼽아
보자면, 단연코 '소통'만 한 게 없을 것이다. '막히지 않고 잘 통함'
이라는 사전적 의미를 갖는 이 단어는 양극단에 앉아 있는 이들 간
의 극적인 화해를 이끌어낼 만큼 강력하다.

정반대 의견을 고집하던 이들도 이 단어를 대하고 적극 활용
하면서부터 중간점을 향해 달리기 시작한다. 서로 접촉하는 횟수

가 늘어나면 늘어날수록 목적지가 점점 가까워지는데, 이는 사회적 동물이라 일컫는 우리 인간만의 고유한 특징으로 여겨지기도 한다. 그런데 사실 소통의 능력은 인간만의 전유물이 아니다. 인류가 탄생하기 전, 심지어 우리 땅의 삼면이 바다로 둘러싸이기 전부터 이 능력을 십분 활용하던 존재가 있었다. 비록 생명은 가지고 있지 않았지만, 목적지를 향해 달리는 그의 속도는 우리보다 훨씬 빨랐으며, 목적지 또한 두 지점 간의 '정확한 중간 값'에 있었다. 그의 이름은 바로 '열', 차가움과 뜨거움 사이를 빠르게 오가며 '미지근함'이라는 애매한 상태를 만들어낸 장본인이다.

소중한 얼음을 보관하고 있는 창고는 시간이 지남에 따라 바깥의 뜨거운 공기로 인해 내부 온도가 슬슬 올라갈 수밖에 없었다. 열 교환이라는 소통 능력은 얼음 창고 입장에선 취약과 같은 것이었기에 한시라도 빨리 따뜻해진 공기를 바깥으로 빼내는 것이 우선이었다. 즉 낮은 밀도(단위 부피 당 가벼운 질량)를 갖는 그들에게 특별한 '통로'가 필요했던 것이다.

그 상황을 누구보다 잘 이해한 인간들은 얼음 창고의 천장에 2~3개의 구멍을 뚫어 따뜻해진 공기들이 그곳에서 빨리 빠져나갈 수 있도록 도왔다. 어디 그 뿐인가? 얼음보다 따뜻한 존재인 물과의 접촉을 최소화하기 위해 바닥에 물길까지 터주었다. 천장과 바닥에 존재하는 비밀 통로를 통해 열을 가진 존재들은 그렇게 얼음과 점점 멀어져갔다.

얼음의 차가운 기운을 노리는 수많은 하이에나. 그들에게서 벗어
나는 가장 효율적인 방법은 뭐니 뭐니 해도 '단절'이었다. 이를 깨
달은 인간은 즉시 하이에나들과의 만남을 원천봉쇄할 계획을 세웠
다. 바로 '단열(斷熱; 끊을 단, 더울
열)'이다. 더위를 끊어내기로 한 것
이다.

?! 열의 이동을 차단한다는
뜻입니다. 열은 대류(對
流), 진도(傳導), 복사(輻射) 등의
방법으로 전달되는데, 단열을 통
해 온도를 일정하게 유지시킬 수
있습니다. 이때 열의 이동을 막
기 위해 사용되는 재료를 단열재
라고 부릅니다. 일상생활에서 쓰
이는 단열재로는 가죽, 플라스틱,
스티로폼, 솜, 천 나무 등이 있습
니다.

그들이 창고 재료로 사용한 쑥
돌(화강암)은 물리적인 외력에만
강했다 뿐이지 열을 차단하는 능력
은 영 신통치 않았다. 더위와의 인
연을 끊어내려면 다른 재료가 추가
로 필요했다.

그들은 껍질을 닫음과 동시에 외부와 철저히 고립되는 조개를
눈여겨봤다. 어지간히 따뜻하지 않고서는 좀처럼 입을 벌리지 않
는 조개의 껍질에 주목한 것이다. 조개껍질을 구성하는 성분인 탄
산칼슘($CaCO_3$)이 단열에 효과적이라 보았기 때문이다.

그러나 창고 외벽을 온통 조개껍질로 뒤덮을 수는 없었다. 고
민 끝에 사람들은 조개껍질을 가루로 만들어 뜨거운 불 속에 던져
넣었다. 슉슉! 이산화탄소(CO_2)가 방출되기 시작했고, 이내 반응
성이 좋은 산화칼슘(CaO)을 얻어낼 수 있었다. 그들은 이를 그대

로 사용하거나, 혹은 물을 섞어 수산화칼슘($Ca(OH)_2$)의 형태로 만들어보기도 했다.

얼마나 시간이 흘렀을까? 똑똑! 하는 소리와 함께 누군가 산화칼슘(CaO)으로 뒤덮인 창고 문을 다급히 두드렸다.

"누구세요? 어디서 많이 본 것 같은데….""

그는 앞서 집을 나간 이산화탄소였다. 강한 회귀 본능을 자랑하던 그가 오랜 친구를 잊지 못해 다시금 창고를 찾아온 터였다. 산화칼슘 덩어리는 두 팔을 활짝 벌려 그를 환영했다. 창고 껍질은 이내 미세한 구멍들이 송송 뚫린 거대한 조개껍질이 되어 외부의 열을 막아낼 수 있었다.

탄화칼슘 층이 포함하고 있는 수많은 미세 구멍들, 이는 더위를 끊어내고자 하는 이들에게 없어서는 안 될 '필요조건'이었다. 왜냐하면 이들 구멍 속에 하나둘 자리를 잡고 있는 공기 분자와 물 분자들이야말로 세상 그 누구보다 열을 맘껏 먹어치울 수 있는 능력자들이었던 탓이다. 인간은 이들이 가지고 있는 엄청난 소화능력을 '열용량'이라는, 뭔가 있어 보이는 표현으로 바꾸었는데 이들의 소화능력은 물 분자의 양이 많아질수록 덩달아 높아졌다.

미세 구멍의 안과 밖을 마음껏 넘나들던 자그마한 몸집의 물 분자들. 이들은 인간이 미처 기대하지 않았던 효과마저 가져왔는데, 그것이 바로 창고 내부의 높은 습도였다.

한반도의 여름을 책임지는 남동풍은 매 시즌 이들 '열 먹는 하마' 무리의 덩치를 키워주었으며, 이들의 먹성 덕분에 창고 내부의 기온은 외부보다 무려 6~7℃나 떨어지게 되었다. 그런데 예상하지 못했던 곳에서 문제가 발생했다. 찬바람이 쌩쌩 부는 한겨울, 열을 흡수하는 그들의 능력이 오히려 독이 되어 돌아온 것이다. 그동안 많은 열을 집어 삼켜 자신의 체온을 한껏 높여놓은 하마들이 창고 내부의 온도를 외부보다 1~3℃나 올려놓았던 것이다. 이에 사람들은 다시 한 번 추가 재료를 찾아야 했다.

재료의 비밀2 얼음 사이에 낀 볏짚

여러분은 지금 '과학'이라는 딱딱한 소재에도 불구하고 용기를 내 책을 읽고 있다. 지금 이 순간까지 각 챕터들을 단숨에 격파했다. '모든 것을 이해하리라'는 불꽃같은 의지를 보여준 여러분의 손길은 어느덧 빳빳하던 새 종이에 손때 묻은 굴곡을 선사했고, 이러한 형태 변화는 곧이어 책 전체의 두께에 고스란히 영향을 미친다.

헌책방에 가본 적 있는 사람은 위의 말이 무슨 뜻인지 금방 이해할 것이다. 책은 읽으면 읽을수록, 오래되어 낡은 것일수록 두꺼워지게 마련이다. 믿지 못하겠거든 부모님께 물어보라. 여러분의 부모 세대는 엄청 들쳐보고 또 보아서 종잇장이 모두 일어난 영어 사전을 자랑스럽게 들고 다녔으니 말이다. 이 마법의 비밀은 무엇일까? 답은 '낱장들 사이에 새로 추가된 공기 페이지'에 있다. 이제 우리가 읽는 책은 비록 'new'라는 수식어는 떼어버렸지만 적어도 이웃한 두 책장이 들러붙을 걱정 따위는 하지 않아도 되며, 앞 페이지의 잉크가 묻을 염려 같은 건 안드로메다로 날려 보내면 그만이다. '뭉쳐 있기'만이 모든 문제를 해결하는 방법은 아니라는 것을 명심하면서 얼음 이야기로 돌아가자.

서로 떨어져 있는 독립적인 존재이기를 갈망하는 것은 비단 책뿐이 아니다. "인간에게 시원함을 선사해줄 수 있는 존재는 오직 나뿐이야"라며 이웃들과 한통속이 되길 거부했던 얼음 큐브 역시 따로 떨어져 있기를 원했다. 웬만한 성인 어른의 몸통만 한 크기였던 얼음 큐브는 무게로 치면 자그마치 수십 킬로그램이다. 이들을 겹겹이 쌓으면 어떤 일이 벌어질까?

얼음이 꽁꽁 언 한겨울이다. 여러분은 지금 스케이트장에 서 있다. 스케이트(썰매)는 어떻게 해서 단단한 얼음 위를 그토록 빠른 속도로 치고 나갈 수 있을까? 상식대로라면 얼음의 냉기가 고스란히 썰매의 날에 전해지기에 이들은 한 몸이 되어 붙어버리는 게 자연스럽다. 하지만 우리 기억 속에는 결코 그런 일이 벌어진 적 없다. 왜냐하면 강한 힘으로 얼음을 내리누르면 그 순간 물이 되어버리기 때문이다. 즉 스케이트나 썰매의 예리한 칼날이 항상 얇은 물층(수막)과 함께였기에 가능한 일이었다.

얼음 채취에 동원되지 않으려고 기를 쓰며 도망가던 백성들을 잡아와 강제로 얼음을 쪼개게 할 때는 언제고, 막상 힘들게 작업을 끝냈더니 관리 소홀로 얼음들을 붙게 만든다면? 상상만 해도 아찔하다.

다행스럽게도 조선의 관리들은 머리를 쓸 줄 알았다. 그래서 최대한 열을 전달하지 않는 재료, 이른바 '단열 특성'이 뛰어난 재료들을 얼음 큐브 사이사이에 깔아 넣기로 했다. 얼음만 붙지 않게 해주면 무엇이든 사용 가능하다고 생각했던 관리들은 여기저기 수많은 재료를 수소문한 끝에 몇 가지로 범위를 좁혔다. 그들이 최종적으로 선택한 재료는 볏짚, 쌀겨 그리고 갈대였다.

그렇다. 〈아기돼지 삼형제〉의 세 형제 중 단단한 집을 못 지었다며 대대손손 우리에게 무시당하고 괄시 당했던 첫째와 둘째가 선택한 재료야말로 실은 최고의 단열재였던 것이다. '세상에 필요하지 않은 존재란 없다'는 교훈이 이런 데까지 적용될 줄이야!

20여 년 전, 실제 실험을 통해 그 결과를 확인해준 과학자가 있었다. 그는 얼음 창고에 얼음을 채워 넣되 볏짚의 유무에 따라 여러 번 실험을 진행했는데, 그 결과는 너무도 충격적이었다. 빙고의 절반을 얼음만으로 채운 경우 6개월 뒤 38.4퍼센트의 얼음이 녹아내린데 반해 얼음과 볏짚을 동시에 채워 넣은 경우에는 동일한 시간이 지났음에도 0.4퍼센트밖에 줄어들지 않은 것이다.

오로지 자연의 특성만을 이용해서 최고의 결과를 얻어낸 우리 선조들. 현재의 우리는 지금 그들이 남겨놓은 '반 지하 얼음 창고'는 새까맣게 잊은 채 고층 아파트 속 냉장고만 찾고 있다.

게다가 윌리스 캐리어(Willis Haviland Carrier)가 인쇄소의 습도를 제어하기 위해 만들었다는 장치(에어컨의 시초)에 푹 빠져 거실은 물론 방마다 설치하는 지경에 이르렀다. 우리는 과한 냉기 덕분에 매년 냉방병이라는 특이한 질환을 달고 살고, 또한 냉동실에서 과하게 얼린 음식을 해동한답시고 전자렌지 속에 넣는 기이한 행동까지 한다. 이 모든 게 과함에서 비롯된 결과! 병 주고 약 주는 현대 과학이 좋을까, 애초에 병이 걸리지 않는 전통 과학이 좋을까? 선택은 여러분의 몫이다.

참고 문헌

호모사피엔스의 보물 【 흑요석 】

『지구 위에서 본 우리 역사』, 루아크, 2017

『국보, 역사로 읽고 보다』, 이야기가있는집, 2016

『이 모든 것을 만든 기막힌 우연들』, 아르테, 2018

「수렵채집민의 이동성과 한반도 남부의 플라이스토세 말~홀로세 초 문화변동의 이해」, 한국고고학보, 제72집, 2009

『Production and exchange of stone tools』, Cambridge University Press, 1986

『The Characterization of Obsidian and Its Application to the Mediterranean Region』, Proceedings of Prehistoric Society, 30, pp.111-133, 1964

원시인의 비밀 편지 【 반구대암각화 】

『한국의 암각화』, 대원사, 2010

불사의 영약 【 진사 】

『선도(연단술과 불로장생법)』, 우성문화사, 1987
『황금의 시대』, 프롬북스, 2010
「광물성안료의 사용과 우리나라의 역사」, 세라미스트, 제12권 제4호, 2009

백제표 페인트 【 황칠나무 】

『이근식의 황칠나무이야기』, 넥센미디어, 2015
「황칠나무 칠액의 도료적 성질과 도막의 성능」, 임산에너지, 제13권 1호, pp.1-6
「특용자원 표준재배지침서 2」, 국립산림과학원, 2011
「이중경화법을 이용한 열개시제 및 광개시제가 배합된 황칠도료의 경화속도 촉
진 및 물성향상 연구」, 목재공학, 제38권 4호, pp.333-340

황금 코팅의 비밀 【 금동대향로 】

「매실산을 이용한 월지 출토 금동삼존판불의 금도금법 복원」, 보존과학회지,
제33권 2호, pp.107-120
『백제금동대향로』, 학고재, 2001
『국보를 캐는 사람들』, 글항아리, 2019

짝퉁 분투기 【 분황사모전석탑 】

『전통가마의 축조 및 소성기술과 겨레과학 원리의 교육적 활용』, 국립중앙과학
관, 2014
「벽돌과 내화벽돌의 변천사」, 세라미스트, 제11권 5호, 2008
「조선시대의 벽돌사용」, 세라미스트, 제15권 2호, 2012

울려 퍼지는 유령의 목소리 【 성덕대왕신종 】

『여행자를 위한 나의 문화유산답사기 3(경상권)』, 창비, 2016
「성덕대왕신종의 진동 및 음향 특성」, 한국소음진동공학회, 제12권 7호, 2002
「종형구조물의 맥놀이 지도 작성법과 성덕대왕신종의 맥놀이 지도」, 한국소음
　　진동공학회, 제13권 8호, 2003
「성덕대왕신종의 명동과 간극의 공명조건」, 한국음향학회, 제30권 4호, 2011
『한국종연구』, 한국정신문화연구원, 1984

수증기 군단을 물리쳐라 【 해인사 장경판전 】

「남한의 연 누적 온습도 지수에 따른 생리기후유형의 특성」, 대한지리학회지,
　　제43권 3호, 2008
「해인사 팔만대장경 판고의 자연 공조 유동 해석」, 대한설비공학회 학술발표대
　　회 논문집, 1998

옥을 만들어낸 신의 손 【 고려청자 】

『고려청자』, 대원사, 1998
『고려청자』, 열화당, 2010
『고려중기 청자 연구』, 혜안, 2006

돌과 금속의 이상한 만남 【 보협인석탑 】

「오월국왕 전유의 영파 아육왕탑 공양과 그 의의」, 중국사학회, 제77권 77호,
　　pp.35-69, 2012

백색의 외톨이 【 한송사지 석조보살좌상 】

『한국건축대계』, 보성각, 1999
『상업문화예찬』, 나누리, 2003
『일제기 문화재 피해 자료』, 국외소재문화재재단, 2014

조선 미라의 탄생 【 석회무덤 】

「조선의 상장과 회격」, 중앙고고연구, 제5권 5호, pp.25-49

「평택 궁리유적 조선시대 회곽묘의 재료학적 특성 및 제작기법 해석」, 자원환경
    지질, 제51권 1호, pp.49-65

「조선 능제의 회격 조성방법」, 정신문화연구, 제32권 3호, pp.297-332

「액상-기상 반응법에 의한 탄산칼슘 미분말의 합성과 형상제어」, 요업학회지,
    제28권 3호, pp.205-214

「조선시대 분묘에 남겨진 상장절차」, 중앙고고연구, 제10호, pp.225-247, 2012

꿀벌과 이산화탄소 【 『조선왕조실록』 】

「조선왕조실록 밀랍본 보존을 위한 연구」, 펄프종이기술, 제44권 6호, pp.70-
    78, 2012

『조선왕조실록 보존실태 조사보고서』, 국립문화재연구소, 1999

「세종실록 원지의 섬유 분석 및 초지방법 규명을 위한 기초 연구」, 한국펄프종
    이공학회 2006년 추계학술발표논문집, pp.337-342

『조선왕조실록 밀랍본의 탈랍처리 및 보강기술 연구』, 국립문화재연구소, 2011

얼음 창고와 아기돼지 삼형제 【 석빙고 】

『석빙고의 장빙원리와 자연에너지 활용기술』, 국립중앙과학관, 2011

「친환경적 건축재료로서 수경성석회 모르타르의 소개」, 세라미스트, 제9권 3
    호, 2006

「석빙고의 전열해석」, 산업기술연구소논문보고집, 제2권, pp.9-15, 1980

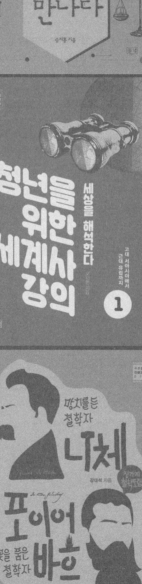

푸른들녘 인문·교양 시리즈

인문·교양의 다양한 주제들을 폭넓고 섬세하게 바라보는 〈푸른들녘 인문·교양〉 시리즈. 일상에서 만나는 다양한 주제들을 통해 사람의 이야기를 들여다본다. '앎이 녹아든 삶'을 지향하는 이 시리즈는 주변의 구체적인 사물과 현상에서 출발하여 문화·정치·경제·철학·사회·예술·역사 등 다방면의 영역으로 생각을 확대할 수 있도록 구성되었다. 독특하고 풍미 넘치는 인문·교양의 향연으로 여러분을 초대한다.

2014 한국출판문화산업진흥원 청소년 권장도서 | 2014 대한출판문화협회 청소년 교양도서

001 옷장에서 나온 인문학

이민정 지음 | 240쪽

옷장 속에는 우리가 미처 눈치 채지 못한 인문학과 사회학적 지식이 가득 들어 있다. 옷은 세계 곳곳에서 벌어지는 사건과 사람의 이야기를 담은 이 세상의 축소판이다. 패스트패션, 명품, 부르카, 모피 등등 다양한 옷을 통해 인문학을 만나자.

2014 한국출판문화산업진흥원 청소년 권장도서 | 2015 세종우수도서

002 집에 들어온 인문학

서윤영 지음 | 248쪽

집은 사회의 흐름을 은밀하게 주도하는 보이지 않는 손이다. 단독주택과 아파트, 원룸과 고시원까지, 겉으로 드러나지 않는 집의 속사정을 꼼꼼히 들여다보면 어느덧 우리 옆에 와 있는 인문학의 세계에 성큼 들어서게 될 것이다.

2014 한국출판문화산업진흥원 청소년 권장도서

003 책상을 떠난 철학

이현영 · 장기혁 · 신아연 지음 | 256쪽

철학은 거창한 게 아니다. 책을 통해서만 즐길 수 있는 박제된 사상도 아니다. 언제 어디서나 부딪힐 수 있는 다양한 고민에 질문을 던지고, 이에 대한 답을 스스로 찾아가는 과정이 바로 철학이다. 이 책은 그 여정에 함께할 믿음직한 나침반이다.

004 우리말 밭다리걸기

나윤정 · 김주동 지음 | 240쪽

우리말을 정확하게 사용하는 사람은 얼마나 될까? 이 책은 일
상에서 실수하기 쉬운 잘못들을 꼭 집어내어 바른 쓰임과 연
결해주고, 까다로운 어법과 맞춤법을 깨알 같은 재미로 분석
해주는 대한민국 사람을 위한 교양 필독서다.

005 내 친구 톨스토이

박홍규 지음 | 344쪽

톨스토이는 누구보다 삐딱한 반항아였고, 솔직하고 인간적이
며 자유로웠던 사람이다. 자유 · 자연 · 자치의 삶을 온몸으로
추구했던 거인이다. 시대의 오류와 통념에 정면으로 맞선 반
항아 톨스토이의 진짜 삶과 문학을 만나보자.

006 걸리버를 따라서, 스위프트를 찾아서

박홍규 지음 | 348쪽

인간과 문명 비판의 정수를 느끼고 싶다면《걸리버 여행기》를
벗하라! 그러나《걸리버 여행기》를 제대로 이해하고 싶다면
이 책을 읽어라! 18세기에 쓰인《걸리버 여행기》가 21세기 오
늘을 살아가는 우리에게 어떻게 적용되는지 따라가보자.

007 까칠한 정치, 우직한 법을 만나다

승지홍 지음 | 440쪽

"법과 정치에 관련된 여러 내용들이 어떤 식으로 연결망을 이루는지, 일상과 어떻게 관계를 맺고 있는지 알려주는 교양서! 정치 기사와 뉴스가 쉽게 이해되고, 법정 드라마 감상이 만만해지는 인문 교양 지식의 종합선물세트!

008/009 청년을 위한 세계사 강의 1, 2

모지현 지음 | 각 권 450쪽 내외

역사는 인류가 지금까지 움직여온 법칙을 보여주고 흘러갈 방향을 예측하게 해주는 지혜의 보고(寶庫)다. 인류 문명의 시원 서아시아에서 시작하여 분쟁 지역 현대 서아시아로 돌아오는 신개념 한 바퀴 세계사를 읽는다.

010 망치를 든 철학자 니체
vs. 불꽃을 품은 철학자 포이어바흐

강대석 지음 | 184쪽

유물론의 아버지 포이어바흐와 실존주의 선구자 니체가 한 판 붙는다면? 박제된 세상을 겨냥한 철학자들의 돌직구와 섹시한 그들의 뇌구조 커밍아웃! 무릉도원의 실제 무대인 중국 장가계에서 펼쳐지는 까칠하고 직설적인 철학 공개토론에 참석해보자!

011 맨 처음 성^性 인문학

박홍규 · 최재목 · 김경천 지음 | 328쪽

대학에서 인문학을 가르치는 교수와 현장에서 청소년 성 문제를 다루었던 변호사가 한마음으로 집필한 책. 동서양 사상사와 법률 이야기를 바탕으로 누구나 알지만 아무도 몰랐던 성 이야기를 흥미롭게 풀어낸 독보적인 책이다.

012 가거라 용감하게, 아들아!

박홍규 지음 | 384쪽

지식인의 초상 루쉰의 삶과 문학을 깊이 파보는 책. 문학 교과서에 소개된 루쉰, 중국사에 등장하는 루쉰의 모습은 반쪽에 불과하다. 지식인 루쉰의 삶과 작품을 온전히 이해하고 싶다면 이 책을 먼저 읽어라!!

013 태초에 행동이 있었다

박홍규 지음 | 400쪽

인생아 내가 간다, 길을 비켜라! 각자의 운명은 스스로 개척하는 것! 근대 소설의 효시, 머뭇거리는 청춘에게 거울이 되어줄 유쾌한 고전, 흔들리는 사회에 명쾌한 방향을 제시해줄 지혜로운 키잡이 세르반테스의 『돈키호테』를 함께 읽는다!

014 세상과 통하는 철학

이현영 · 장기혁 · 신아연 지음 | 256쪽

요즘 우리나라를 '헬 조선'이라 일컫고 청년들을 'N포 세대'라 부르는데, 어떻게 살아야 되는 걸까? 과학 기술이 발달하면 우리는 정말 더 행복한 삶을 살 수 있을까? 가장 실용적인 학문인 철학에 다가서는 즐거운 여정에 참여해보자.

015 명언 철학사

강대석 지음 | 400쪽

21세기를 살아갈 청년들이 반드시 읽어야 할 교양 철학사. 철학 고수가 엄선한 사상가 62명의 명언을 통해 서양 철학사의 흐름과 논점, 쟁점을 한눈에 꿰뚫어본다. 철학 및 인문학 초보자들에게 흥미롭고 유용한 인문학 나침반이 될 것이다.

016 청와대는 건물 이름이 아니다

정승원 지음 | 272쪽

재미와 쓸모를 동시에 잡은 기호학 입문서. 언어로 대표되는 기호는 직접적인 의미 외에 비유적이고 간접적인 의미를 내포한다. 따라서 기호가 사용되는 현상의 숨은 뜻과 상징성, 진의를 이해하려면 일상적으로 통용되는 기호의 참뜻을 알아야 한다.